Salty Bread

Sweet Bread

Bagel

Pizza

Toast

Salty Bread

Sweet Bread

Bagel

Pizza

Toast

暖心烘焙手作日記

新手一學就會的
100道超簡單零失敗
人／氣／麵／包

靜心蓮——著

前言

麵包是比蛋糕更溫暖、更貼心的存在，它可以陪伴你的每一餐，雖不驚豔但溫和長久。越來越多家庭選擇自己製作麵包，一方面是出於對家人健康的考量，但更重要的是：時間醞釀的美味，以及透過食物傳達的溫暖與愛，都隨著麵團一起膨脹了。

且製作麵包的難度相對來講，比甜點更大一些。製作甜點時，只須把握好精準稱重、正確手法及流程，基本上都不會出錯。製作麵包卻不然，麵粉的吸水率、環境溫度和濕度的差異，甚至是水質的不同、手法的生疏，哪怕一個小小的失誤，都可能導致失敗。製作麵包沒有捷徑，只有在一次次失敗中領悟，不斷提高對品質的追求，透過一次又一次的操作，找到做麵包的感覺。

我在籌備這本書的過程中，時常會回想起自己初學做麵包時的情景，盡可能把我當時的顧慮、迷惑和失敗的經驗當成寫作重點，叮嚀讀者不要犯同樣的失誤。

本書除了針對初學者安排容易獲得的食材和工具，也考慮到絕大部分東方人的口味偏好，以及在設備、原料方面的限制，所以介紹製作難度跟口味都適合東方家庭的甜麵包、吐司及軟歐、披薩等，讓每位初學者能瞭解並掌握麵包的基礎製作方法。

我希望大家能夠明白：製作麵包時，導致失敗的因素有很多，並非一個好配方就能解決所有問題。因此一定要認真看完第一章：麵包製作基礎，再利用後面的配方來練習。只要你夠認真、夠細心，一定會有收穫和進步。

Content 目錄

第一章｜麵包製作基礎

第二章｜動手做麵包

甜麵包

鹹麵包

Bagel

貝果

Pizza

披薩

Toast

吐司

鄉村、軟歐

第三章｜讓麵包更美味

RDIAL
CROISSAN
BAGUETT
BON APPÉTIT
Studio Clip

第一章
麵包製作基礎

麵包的變化比你想像的還多很多，
看似隨興又充滿創意，
卻有一些重要的基礎關鍵，
是任何麵包都不可或缺的美味元素。

一、製作麵包的原料

1 基礎原料

高筋麵粉：一般會根據麵粉中的蛋白質含量分類，通常蛋白質含量高於 11% 即稱為高筋麵粉。藉由與水結合、攪拌及充分搓揉，麵粉中的蛋白質會產生「麵筋」，麵筋就是支撐麵包體的「骨架」。所以製作麵包時大多會使用高筋麵粉。本書使用的高筋麵粉品牌為「金象」和「日清」品牌（麵粉品牌僅供參考，方便新手在不熟悉麵團特性的情況下，盡可能減少誤差）。

酵母：本書使用的是即發乾酵母，可直接混入麵粉中使用，無須提前溶於水中。其中，耐高糖酵母適合含糖量 5% 以上的配方；低糖酵母適合不含糖或含糖量低於 5% 的配方。

水：水的硬度和 pH 值會影響麵團狀態。通常硬度接近 100mg/L、pH 值為 5.5 ～ 6.5 的水最適合製作麵包，因為稍硬的水能適當強化麵筋韌性。但若硬度過高則會使麵筋韌性太強，導致麵團緊縮、發酵緩慢、成品容易變硬等；硬度過低則會使麵筋變軟、麵團變得濕黏。

水的 pH 值也很重要。酵母在弱酸環境最為活躍，在鹼性環境則會降低活力，無法產生足夠的二氧化碳使麵團膨脹。這也是為何即便依照相同配方，卻會因不同原料條件，導致麵團成品有差異的原因之一。但還好符合條件的水不難取得，日常使用的過濾自來水就可以了。

鹽：使用市面上顆粒細小的鹽即可，風味獨特的海鹽也沒問題，但要注意氯化鈉含量一定要高於 90%。鹽不僅用來調和口味，更有強化麵筋、控制發酵速度、抑制雜菌繁殖的作用。

細砂糖：糖不僅提供甜味，還是酵母的營養來源，也是麵團的保濕劑。

奶油：製作麵包通常會使用固態奶油，而不是液體油脂，且要在麵團充分搓揉出麵筋後才加入，奶油在攪拌後會附著在形成網狀結構的麵筋上。固態奶油比液體油脂具可塑性，在麵團膨脹、麵筋拉伸時，都可以提供潤滑作用。當然，奶油也為麵包帶來了細膩、柔軟的口感及濃郁香味。

（但披薩、佛卡夏等使用液體油脂如橄欖油的麵團配方，需要在一開始就加入攪拌。）

2 其他可用於製作麵包的原料

雞蛋：加入雞蛋的麵團成品會格外柔軟，通常使用全蛋，有時也只用蛋清或蛋黃，雞蛋使用前務必打散。另外，全蛋液也常用來裝飾麵包表面，麵包刷過蛋液後，會烘烤出迷人的金黃色。

黑麥麵粉：黑麥口感略帶黏性、微酸，與高筋麵粉同樣富含蛋白質，但是沒有麩質，因此不具有膨脹功能。本書使用的是「黑麥濃縮麵粉」，需按一定比例配合高筋麵粉使用。

全麥麵粉：全麥粉是把整顆小麥磨碎製成，富含礦物質，有樸實麥香及獨特口感。全麥麵粉需要配合高筋麵粉使用，否則達不到麵團筋度。本書使用「全麥濃縮麵粉」，通常用量為 10% ～ 30%，請根據選用品牌標示的用量，配合高筋麵粉使用。

低筋麵粉：製作軟式小麵包時，多會加入一定比例的低筋麵粉，適當降低麵粉筋度，使麵包更柔軟。

脫脂奶粉：比牛奶更能賦予麵包濃郁奶香，用量通常不超過 8%。

奶油乳酪：可以在製作麵團時加入，也可在後期整形中當成餡料使用。

3 可在麵包中加入的食材

莫札瑞拉乳酪：製作披薩必備的原料，平時冷藏保存。若是冷凍保存，使用前要先放到冷藏回溫再使用。

堅果：包含核桃、腰果、榛果等等。如果要加入麵團中，最好先烘烤出香味再使用；但若是當作表面裝飾，則可直接使用。

果乾：常用的有葡萄乾、蔓越莓、藍莓乾等等。使用前要先以溫水沖洗後瀝乾，既可洗去異物，又可讓果乾變得柔軟，以免在烘烤過程中吸收麵團水分，導致麵包乾硬。洗淨後的果乾若用蘭姆酒、葡萄酒浸泡，可以變得更濕潤且更具風味。

★ 若要在麵包中加入食材，可以在揉麵結束前混合進麵團中，也可以在整形過程中包入或捲入。但重點是要適可而止，加入過多食材會破壞麵筋的完整性，進而影響麵團膨脹，導致成品體積偏小。

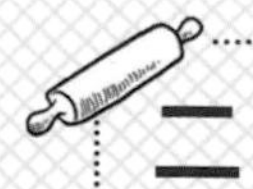

二、基礎工具和模具

電子秤

一定要選擇測量單位為 0.1 克的電子秤，否則像鹽和酵母這樣用量極少的原料，會因為秤量不準確而嚴重影響麵團狀態。

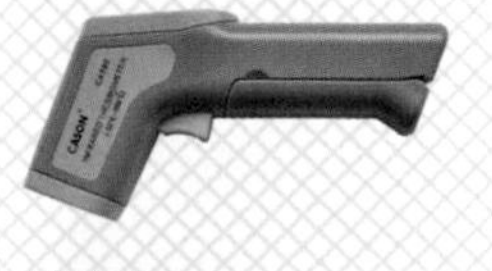

食物溫度計和紅外線測溫儀

用來測量麵團內部溫度。

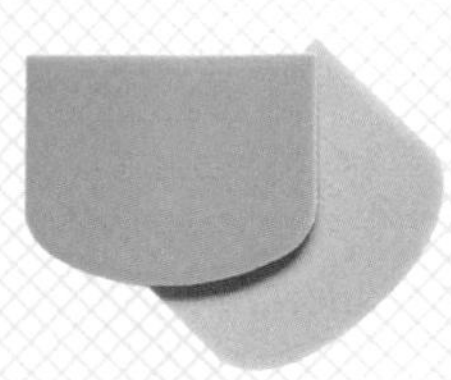

刮板

使用有一定彈性的矽膠刮板，直線側用來切割麵團，弧形面用來將麵團從盆中取出。

量杯、量匙

用來量取原料多寡。

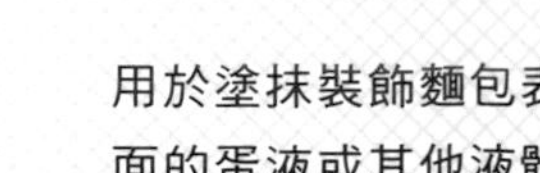

毛刷

用於塗抹裝飾麵包表面的蛋液或其他液體食材。

濾網

可以過濾蛋液，或是烘烤前將麵粉過篩在麵團上。

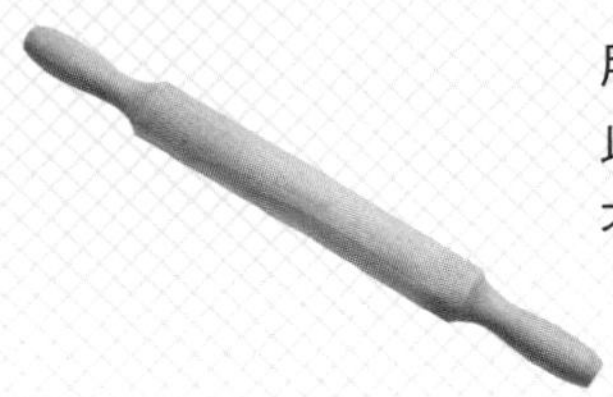

用來替麵包整形，可以根據麵團大小選擇不同尺寸。

擀麵棍

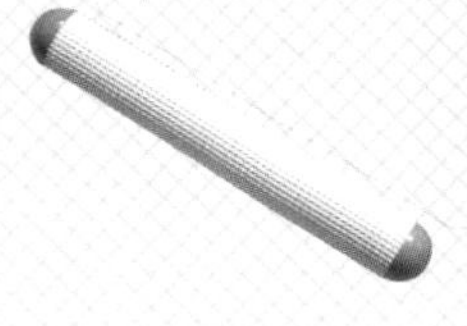

表面有凹凸設計的塑膠擀麵棍，延展麵團的同時，可以擠壓出麵團中的氣體。

排氣擀麵棍

在整形好的麵團上剪、劃出紋路。

剪刀、割紋刀

發酵盆的容積應該大於麵團 2 ～ 3 倍，確保麵團有足夠的發酵空間。

發酵盆

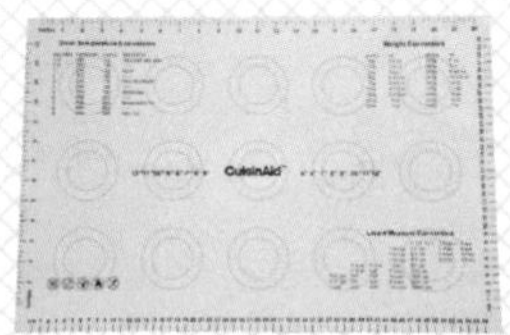

便於收納清洗，是麵包整形的必備工具。

矽膠墊

烘焙紙可平鋪在烤盤裡防止沾黏。鋁箔紙則在烘烤時調整上色：一旦麵包表面色澤達到滿意程度，就要加蓋鋁箔紙隔絕上色。

烘焙紙、鋁箔紙

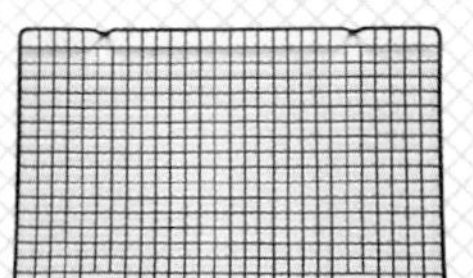

剛出爐的麵包內部聚集熱氣，必須及時脫模並置於網架上散熱。

網架、平網盤

本書使用 450 克、250 克和迷你吐司模三種規格。

吐司模

可以使用烤箱原本的烤盤，也可以準備幾個大小各異的深盤，用於製作。

烤盤

鏟子

攪拌機

隔熱手套

烤箱

各品牌性能會有差異，要熟悉自己的烤箱特點，調整書中標示的火力和時間。

麵包刀和吐司切片器

麵包機

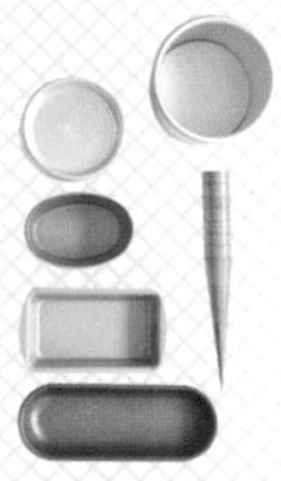

麵包模

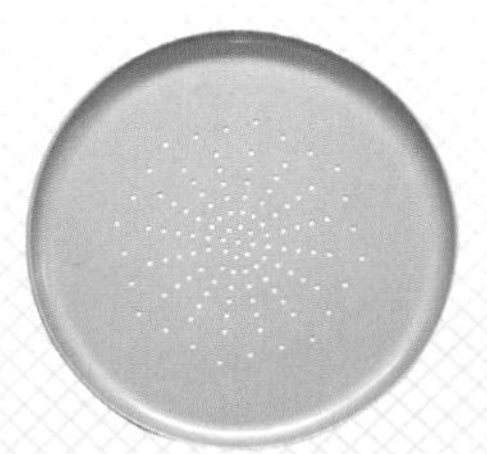

披薩盤

打蛋器

三、製作麵包的基本流程（直接法）

1 直接法製作方式

以下將說明完整的製作麵包過程，請務必先熟讀再開始製作麵包。第二章如無特別需要，不會在每款麵包重複說明秤量、攪拌、基礎發酵、分割、滾圓等等，將直接進入整形。

直接法是製作麵包最常用的方法，很適合初學者。以上是製作麵包的流程圖，包含12 個基本步驟。後續會仔細說明各步驟內容，一定要認真看完再操作喔！標★處是容易出錯的重點，要把握每個環節，才能做出美味麵包。

A. 秤量　耐心、細緻是烘焙的美德，準確秤量是一切的基礎。

準確秤量原料（酵母和鹽分別放在兩端，避免提前接觸）。

先混合乾性材料。

再加入濕性材料（預留5克左右的液體材料）。

★ 發酵和鬆弛時，要覆蓋保鮮膜以免麵團表面乾燥。

★ 本步驟所有材料不包括無鹽奶油（如使用液體油脂的配方，則可一同加入）。

分量較少的鹽和酵母在秤量時要格外精確。如果使用的電子秤無法秤量低於5克的重量，可以利用量匙量取。但是量匙難免有誤差，還是建議使用精確度能達到0.1克的電子秤。

	酵母	**鹽**		
1 茶匙	3.5 克	6 克		
1/2 茶匙	1.8 克	3 克		
1/4 茶匙	1 克	1.5 克	將材料盛滿量匙	用刮板刮平

B. 混合攪拌　將材料均勻攪拌，形成麩質。

先低速攪拌成團。

暫停攪拌後觸摸麵團，確認是否需添加預留液體。

視需要加入預留液體（如麵團太過濕黏，也可加入少量麵粉調整）。

繼續低速攪拌成團後再暫停，用刮刀刮下黏在盆壁上的麵團。

高速攪拌至麵團呈光滑狀。

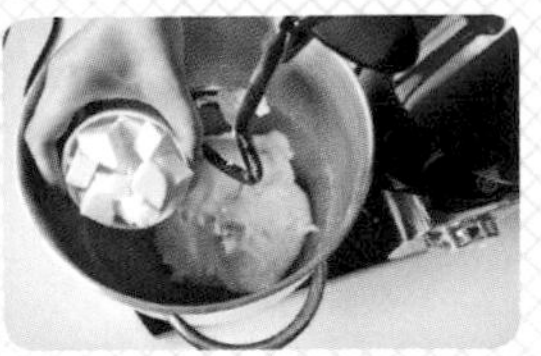
加入軟化的無鹽奶油，低速攪拌至無鹽奶油被麵團吸收。

拉伸麵團，查看出膜的狀態。

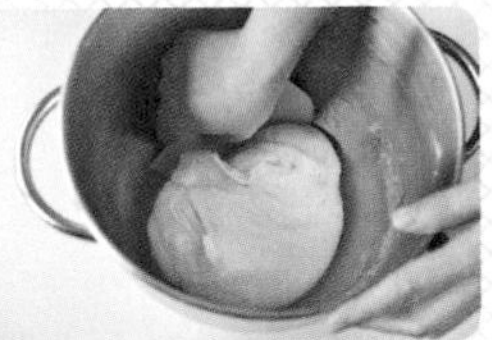
用刮板取出麵團。

雙手輕輕地向內折，使麵團鼓起，形成緊繃的表面。

★ 每次攪拌中途都可視情況暫停，依序用刮板刮下盆壁及攪拌鉤上的麵團，有利於麵團快速、均勻出膜。

★ 要在麵粉中加多少水，是由麵團實際情況決定的，而不是書上的配方。

使用麵包機揉麵

先秤量乾性原料（酵母和鹽分別放在兩端，避免提前接觸）。

裝上攪拌桶之後開機，選擇攪拌，先將乾性材料略微混合。

加入濕性材料（如有蛋或牛奶等，要提前混合並預留少量在後期調整）。

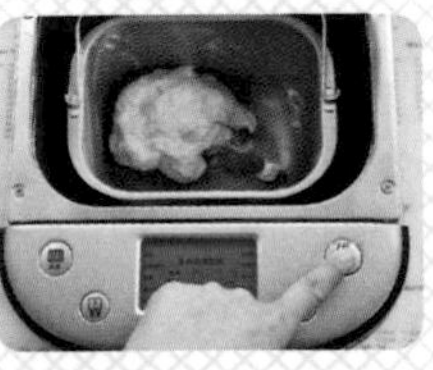
麵團成團後，先暫停攪拌。

視麵團情況決定是否添加預留的液體材料，如麵團過於濕黏則加少量麵粉。

繼續攪拌至麵團呈光滑狀。

能拉開較厚的膜。

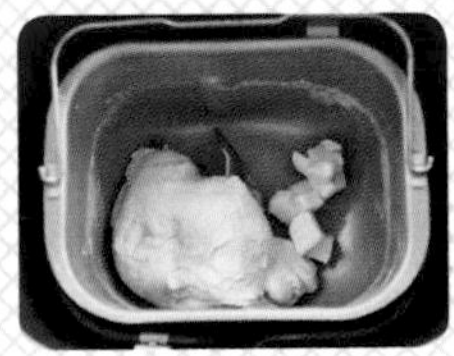
加入軟化的無鹽奶油。

為確保無鹽奶油快速吸收，可用手將無鹽奶油和麵團抓揉幾下。

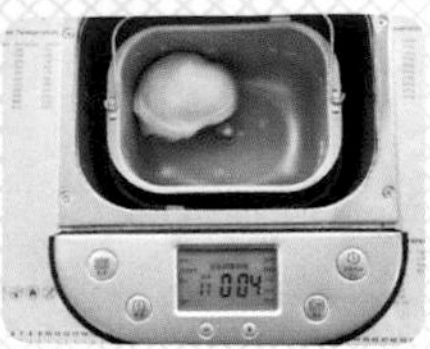

繼續選擇攪拌。

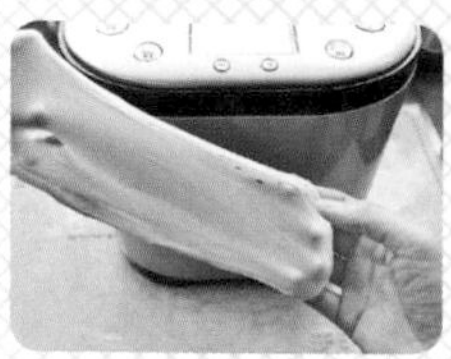

直至麵團達到理想的出膜狀態。

取出麵團，整形後置於盆中發酵。

★ **亦可配合「自解法」（見第 P.37 頁）操作，可使麵團快速達到出膜狀態。**

手工揉麵

先秤量乾性材料（酵母和鹽分別放在兩端，避免提前接觸）。

以打蛋器混合均勻。

加入濕性材料（如有蛋或牛奶等，要提前混合並預留少量在後期調整）。

用刮刀攪拌至無乾粉狀態。

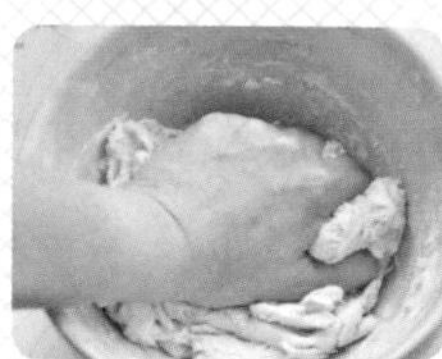

用手揉勻。

視麵團情況決定是否添加預留的液體材料，如麵團過於濕黏則加少量麵粉。

將新加入的水或麵粉再次揉進麵團。

用刮板將盆壁上的麵粉刮乾淨。

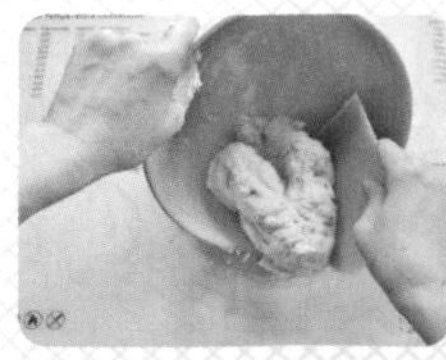

將麵團移到操作臺上。

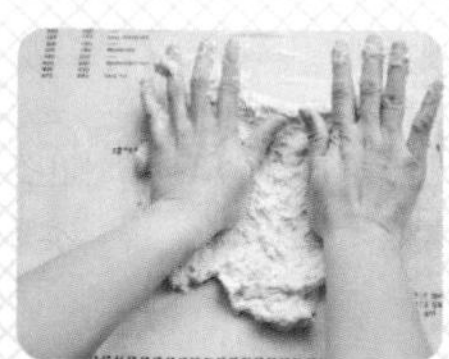

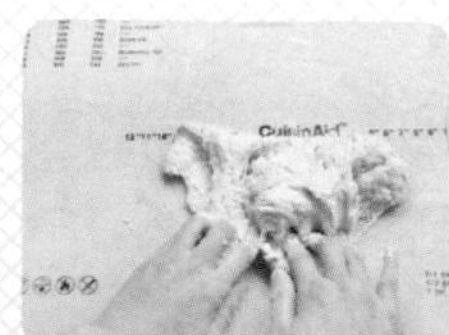

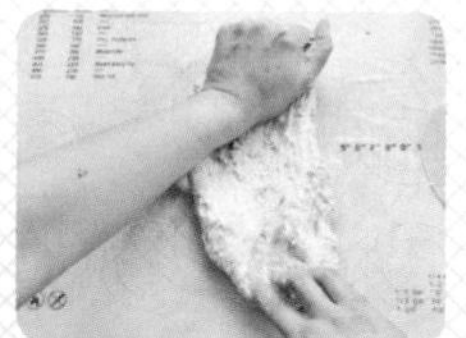

在操作臺上，用雙手大幅度地來回搓長麵團又折回。此時麵團比較黏手，不要理會，重複這個動作。

中途可用刮板，將黏在操作臺和手上的麵團整理在一起。

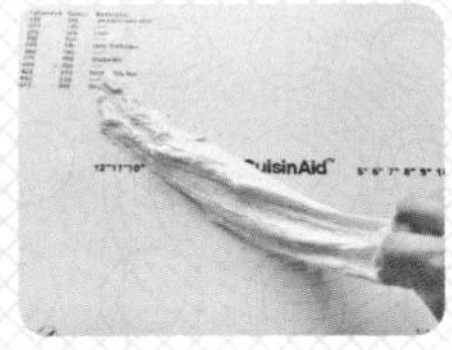

麵團經過搓揉後漸漸不再黏手，此時舉起麵團，摔打在操作臺上。

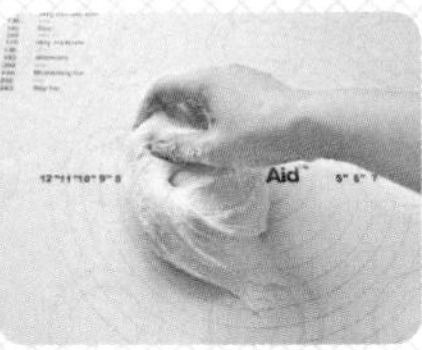

將麵團一端折向另一端，再次摔打，並重複此動作。

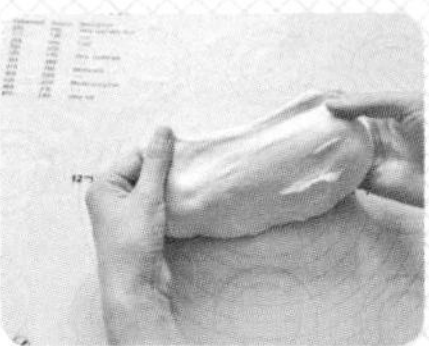

一邊摔打一邊搓揉，直至麵團變得光滑，能拉開較厚的薄膜。

此時加入軟化的無鹽奶油，用手將無鹽奶油抓揉進麵團。

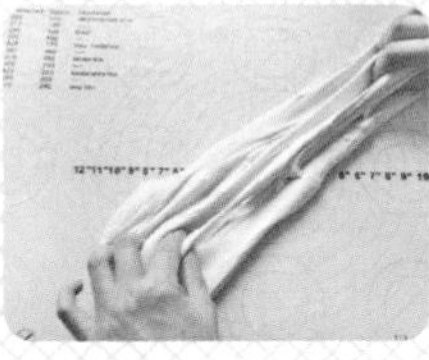

重複撕拉、折疊麵團。

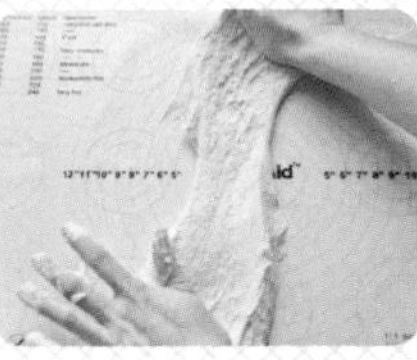

在操作臺上搓長、揉搓、撕拉、折疊，直至無鹽奶油完全吸收。

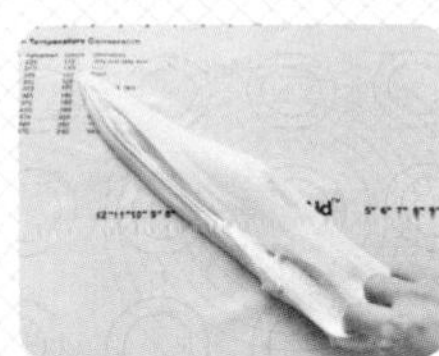

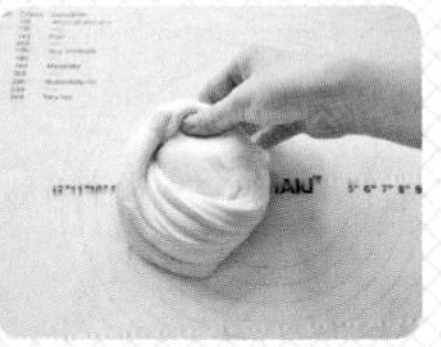

此時再次重複摔打動作。

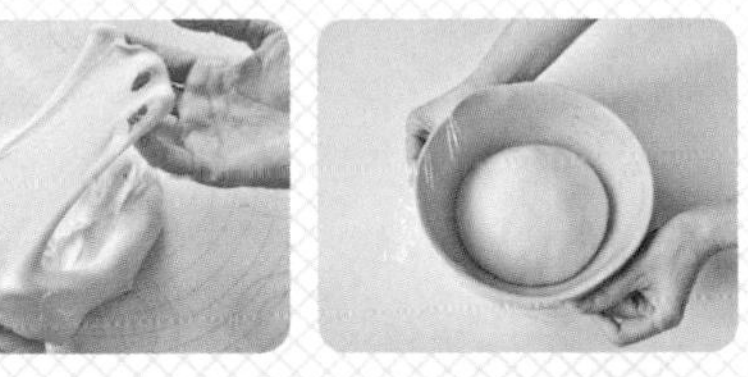

直至麵團達到理想的出膜狀態。

將揉好的麵團整理形狀，蓋保鮮膜發酵。

★ **麵粉性質各有差異，水質、水溫和氣溫也會影響吸水率。初次使用書中配方時，可視情況預留 3% ～ 5% 水量，以便後期調整。**

如何判斷麵團的出膜狀態？

① 切下一小塊麵團（圖 1）。

② 找出薄膜最完整的一面（圖 2）。

③ 雙手握住麵團兩端，上下左右輕輕拉扯（圖 3）。

④ 若能拉出薄膜但不夠堅固，容易破洞，代表麵團已經揉至「擴展」階段，可用於製作普通麵包（圖 4）。

⑤ 當麵團可以輕易拉出大片結實且不易破裂的薄膜時，即達到「完全」階段，此狀態可用於製作吐司（圖 5 ～ 6）。

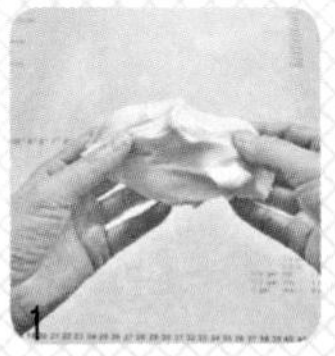
1

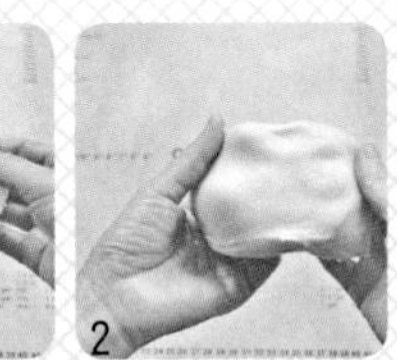
2

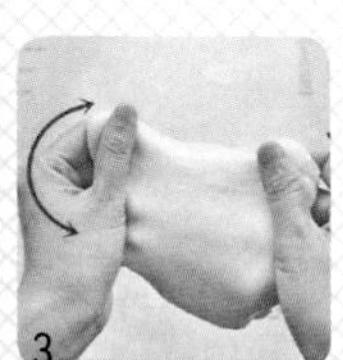
3

4

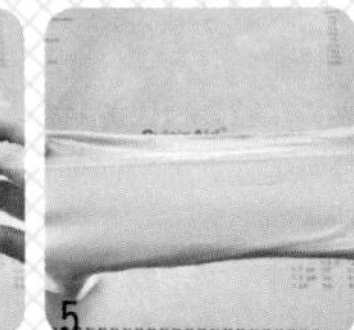
5

6

如何在攪拌好的麵團中加入食材？

麵團攪拌完成後，再加入果乾、堅果、巧克力豆等材料。若材料較少，適合低速攪拌混合；若材料較多，適合折疊混合。

但是一定要避免加入過多材料，進而影響麵筋的完整性。也要盡可能將食材包裹在麵團裡面，不要裸露在外。

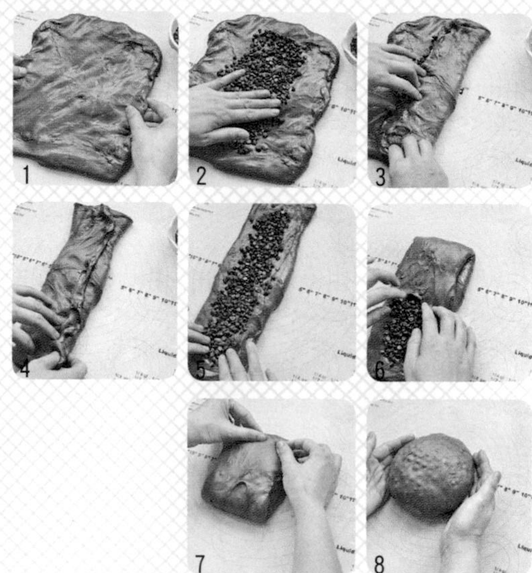

C. 基礎發酵　　基礎發酵是決定麵包味道的關鍵。

先有適當的酵母用量及原料比例，再嚴格控制時間和溫度，才能充分喚醒穀物香氣。這個步驟讓麵團從毫無生氣的麵粉，變成了具有生命活力的狀態。

一般家庭製作麵包時不用太拘泥於烘焙器材，使用發酵箱固然更好掌控，但除非氣溫特別低，否則在室溫中緩慢發酵就是最好的選擇。氣溫過低時可以用保麗龍箱、瀝水籃等密閉容器，也可利用烤箱的發酵功能，只是記得要加杯熱水調節濕度。由於烤箱的發酵溫度不會特別精準，可以採取開啟、關閉的辦法調節溫度。

原則上基礎發酵溫度控制在 26℃～ 28℃；濕度控制在 70% ～ 75% 為宜。

將整理好的麵團置於盆中，蓋上保鮮膜進行基礎發酵。

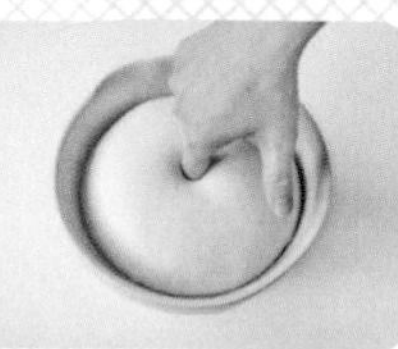

目測麵團體積增至 2 倍大時，用手指沾水垂直插入麵團，檢查發酵程度。

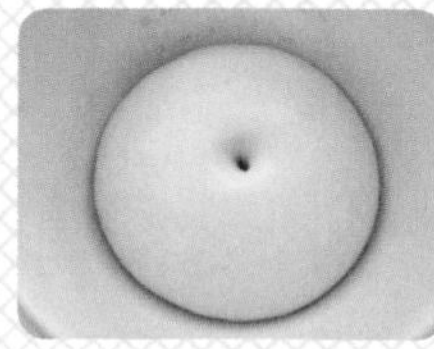

抽出手指時，如果洞口回縮，代表尚未完全發酵。

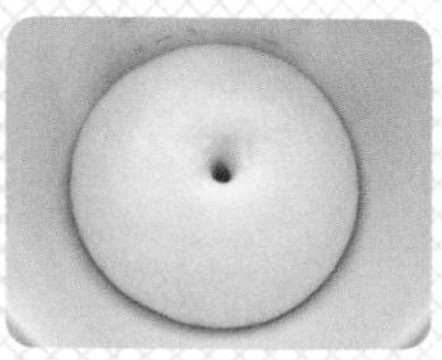

如果洞口沒有變化，則代表發酵完成。

★ 麵團發酵時間隨著季節、室溫等條件有所差異，須依實際情況調整時間，書中所述僅供參考。

「翻面」的作用是什麼？

「翻面」是指在基礎發酵過程的前半段，以擠壓、折疊的手法，排出發酵產生的氣體，再繼續進行發酵操作。目的是強化麵筋、活化酵母，使麵包組織更加細膩。

D. 整形　　包括排氣、分割、滾圓、鬆弛、整形。

排氣：排除附著在網狀麩質中的一些二氧化碳（過多二氧化碳會令酵母窒息）；使麩質鬆弛；消除麵團內外的溫度差（通常麵團外部溫度會低於內部溫度）；重新分配營養物質，達到均勻分布。

滾圓：最終成形前的初步定形，透過滾圓操作再次拉伸麩質，幫助其形成表面張力。

鬆弛：也稱為靜置，鬆弛麩質使後續整形更加容易。

用刮板沿盆壁取出發酵好的麵團，雙手按壓麵團排氣（或使用擀麵棍輔助）。

秤量麵團總重，並按預計製作的數量平均分割麵團。

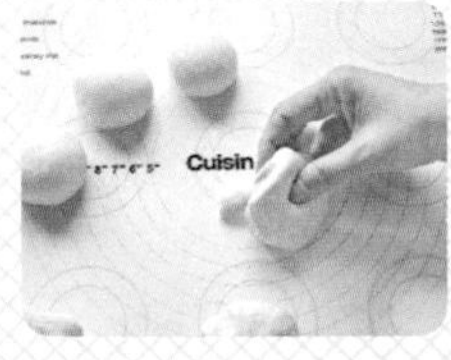

有些麵團可能重量不足，可以將其光滑面朝上，包裹進小麵團來補重。

右手包覆麵團（上方留有空間，並未完全壓在麵團上），利用拇指指腹、手掌外側與操作臺形成的夾角及摩擦力，順時針滾圓麵團。

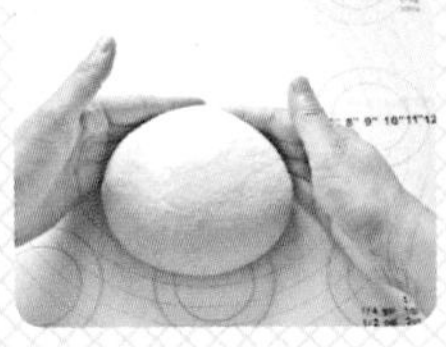

滾圓大麵團則是以雙手由外向內輕推麵團，轉90度，重複操作數次。利用操作臺的摩擦力將麵團表面逐步收緊。

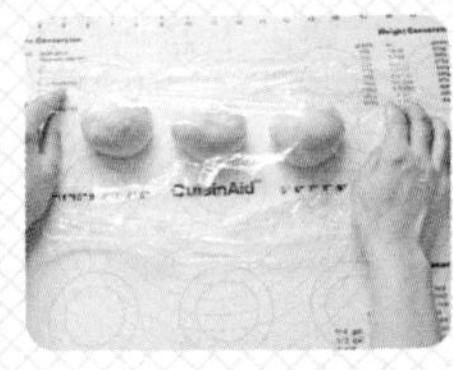

在滾圓後的麵團蓋上保鮮膜，鬆弛15～20分鐘。

★ 麵團滾圓後的體積會明顯變小，因為表面的薄膜在滾圓過程變得緊繃、光滑。

★ 滾圓後的麵團一定要經過一段時間的鬆弛，否則緊繃的麵筋會被擀壓至斷裂。

★ 滾圓的重點不僅是整理形狀，而是使麵團形成完整、光滑、緊繃的表面。麵團因分割產生的切口及斷開的麵筋結構，滾圓後都能利用自身的黏著性重新揉入麵團內部。也形成完整的表面結構包裹住麵團，一方面防止沾黏，一方面打造麵包的外觀，整形時光滑面會一直是表面。所以分割時不要切得太碎，必須以大片完整的麵筋為主，少量用來補重的麵團包裹在底部。

★ 滾圓時，麵團表面緊繃即可，過度滾圓也會使麵筋斷裂。如遇麵團由緊繃變得鬆弛、表面出現斷裂或凹凸不平，則待它充分鬆弛之後，折疊並找出一個完整光滑的「面」重新滾圓。麵筋斷裂對成品有一定影響，操作時一定要慎重。

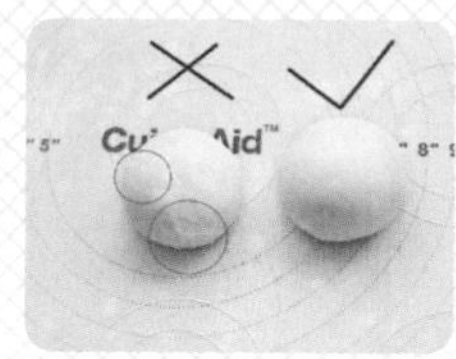

左：過度滾圓造成麵筋斷裂。
右：正確滾圓。

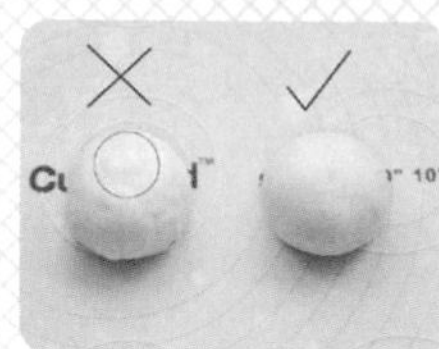

左：如遇滾圓及整形操作中有大的氣泡，一定要輕拍排出。

初學時的簡易滾圓法

將麵團的光滑面朝上，再往下包裹住麵團，雙手拿著將四周收至底部，不斷變化角度重複數次。直至表面呈緊繃、光滑狀，再捏緊收口即可。注意力道要均勻，否則容易造成形狀不規則。

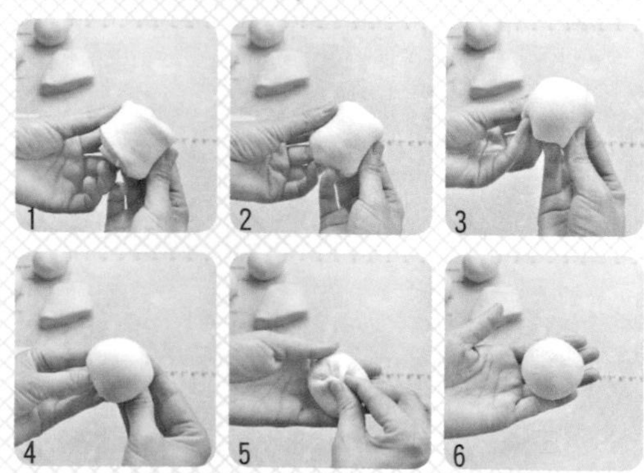

基礎整形

圓形：圓形麵團需要在第一次滾圓、鬆弛後，按壓、排氣，再進行一次滾圓。此時，底部形成的收口要處於中心位置，烘烤時才不容易變形。

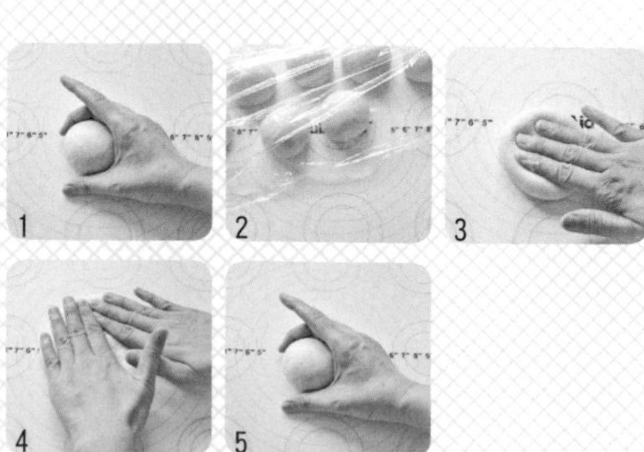

擀平：

(1) 橢圓形。將鬆弛好的麵團按扁，自中間向上、向下依次**擀**開（避免來回**擀**），形成橢圓形。

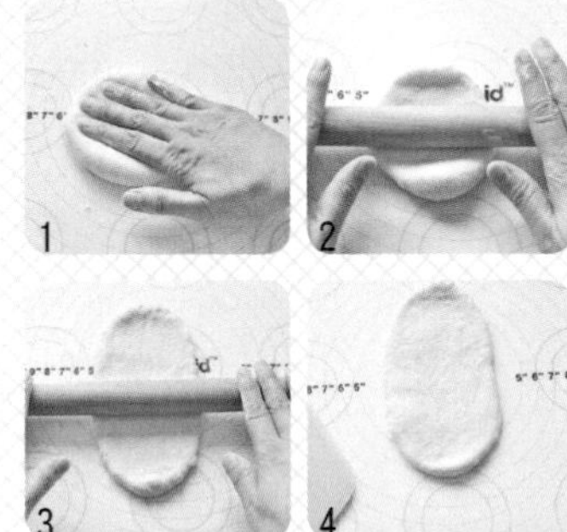

(2) 圓形。先將麵團上下**擀**開，再旋轉90度重複操作，形成圓形。

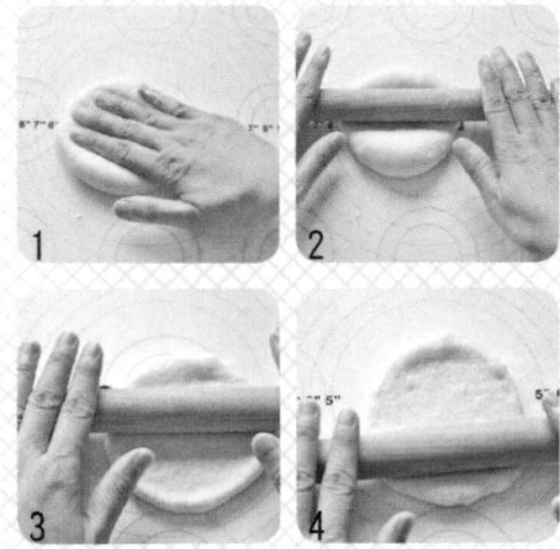

(3) 長方形。先將麵團　成橢圓形，拉扯橢圓形的四角向外延展，即可形成方形或長方形。

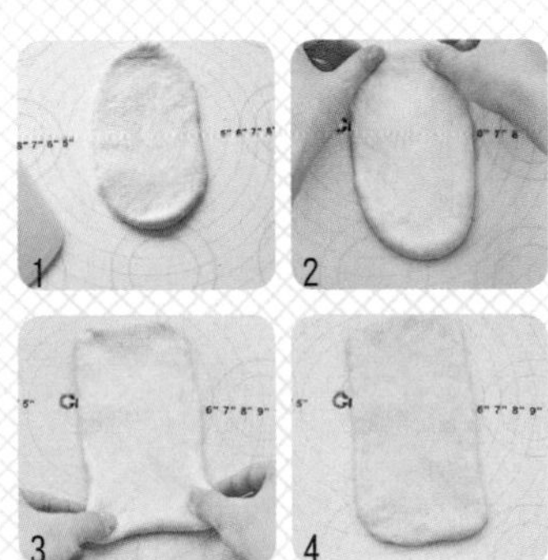

★ **擀開的片狀可用來包裹餡料，也可捲起、折疊進行造型。**

長條形 ：橢圓形片狀翻面後壓薄底部，自上而下捲起並捏緊收口，形成長條形。長條形可變化出花環、結形、辮子等各種造型。

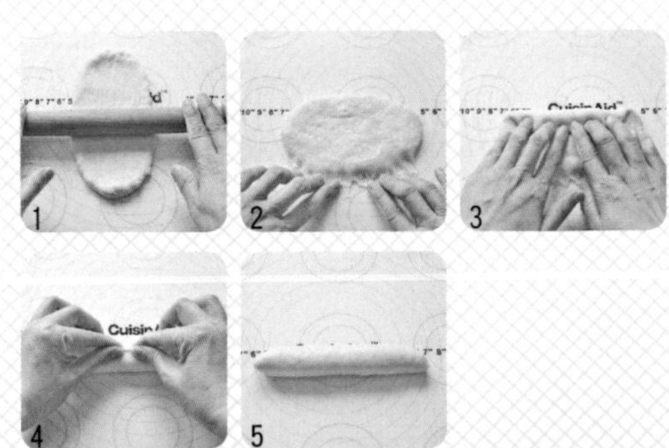

橄欖形：**麵團擀**成橢圓形片狀，翻面後將左右上方的角向下折，重複此操作，直至收口處壓緊即可。

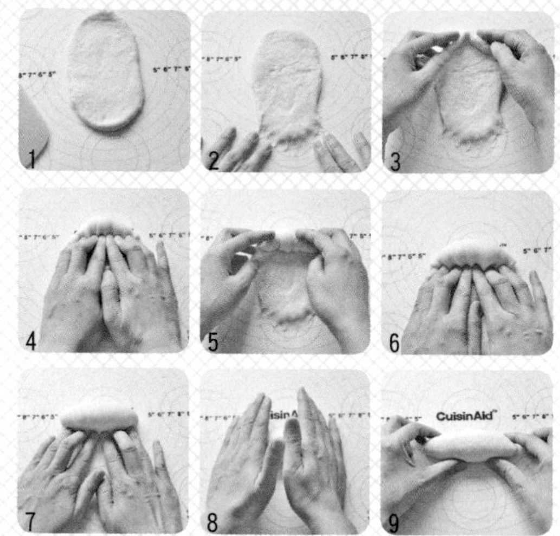

包餡：**麵團擀**成圓形片狀，翻面後包入餡料，捏緊收口成為圓形。可搭配其他手法延伸製作更多花樣造型。

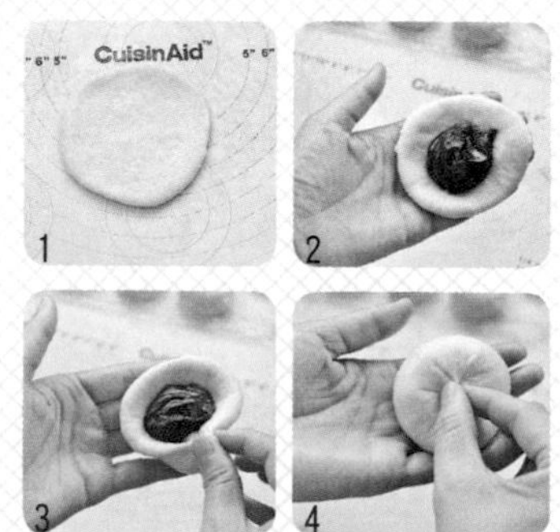

辮子形的整形方法

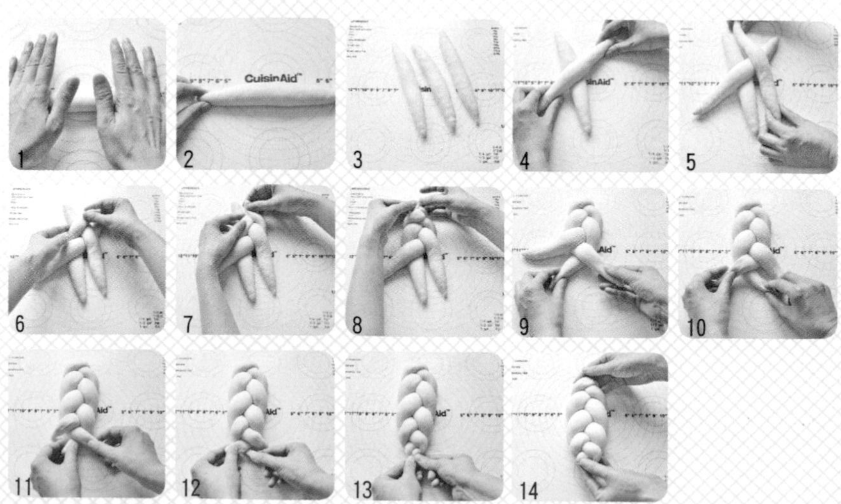

將長條形麵團搓揉成兩頭尖的形狀，可以辮三股、四股、五股辮子造型。注意麵團的收口處始終要向下，編好的辮子要捏緊兩端，以免發酵後散開。

吐司的整形方法（一次擀捲法）

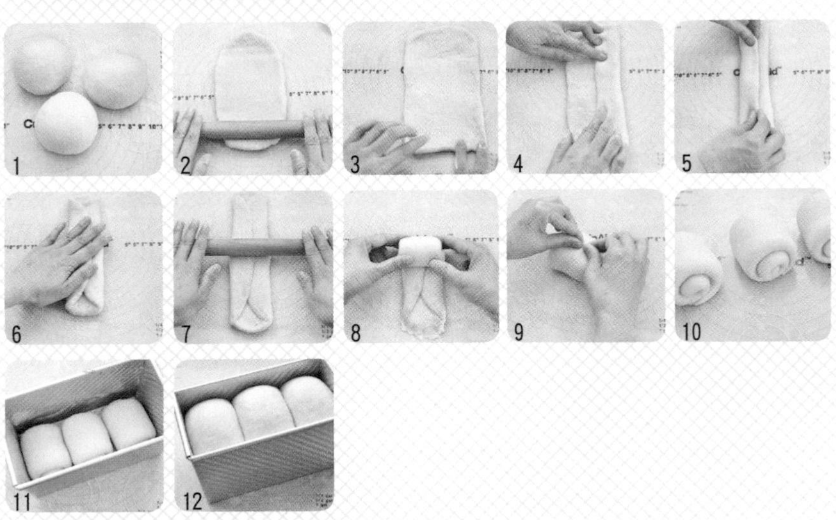

吐司的整形方法（二次擀捲法）

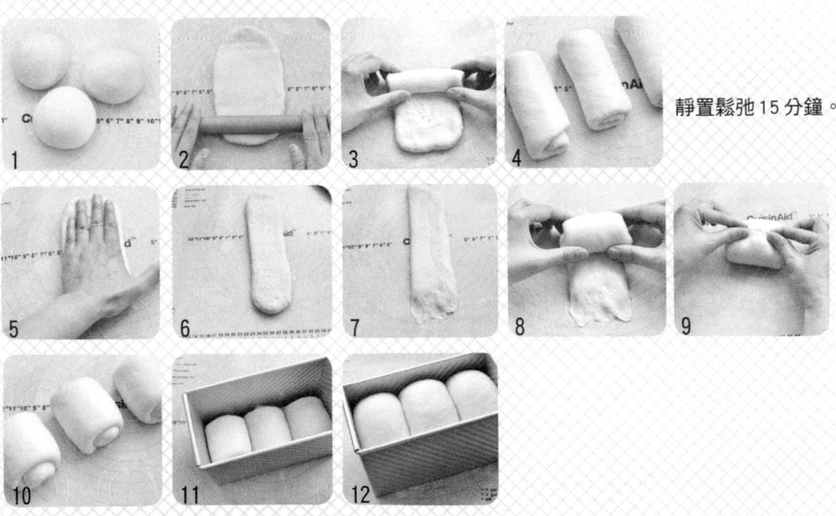

靜置鬆弛15分鐘。

方形吐司在最後發酵達到8分滿時，加蓋烘烤。

山形吐司最後發酵達到9分滿時，表面刷蛋液、噴水或做其他裝飾，再繼續烘烤。

整形過程的每一步，遇到大的氣泡時，都要輕拍或按壓排除，否則這些氣泡會在後期發酵持續膨脹，影響外觀。一旦有過多的大氣泡沒有排除乾淨，就會影響口感。因此，從完成基礎發酵後的排氣開始，每一步都應該耐心對待麵團，通過擀、壓、拍等手法，盡可能地排出大氣泡，才能使成品組織均勻細緻（不需要完全排氣的麵團除外）。

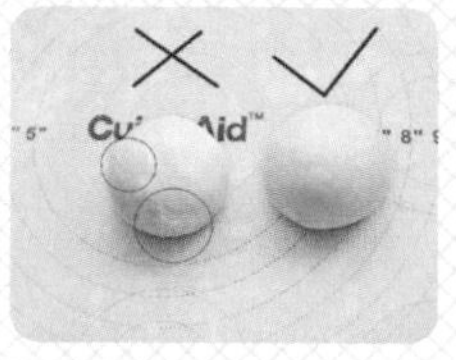
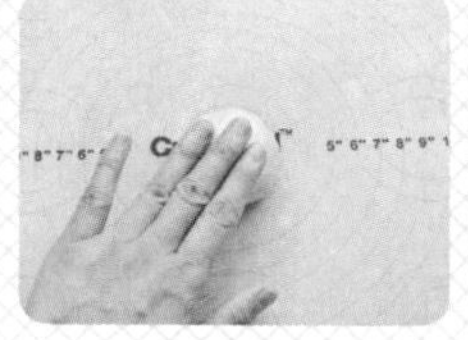

滾圓後產生的大氣泡也要輕拍排除。

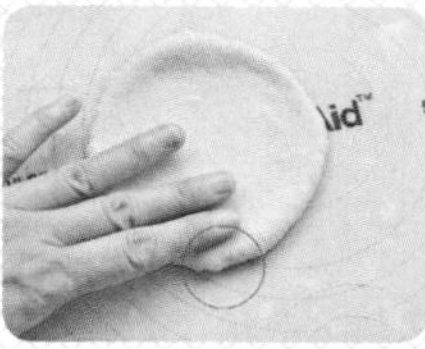

擀壓麵團後，邊緣會有大氣泡，要用手掌兩側按壓排除。

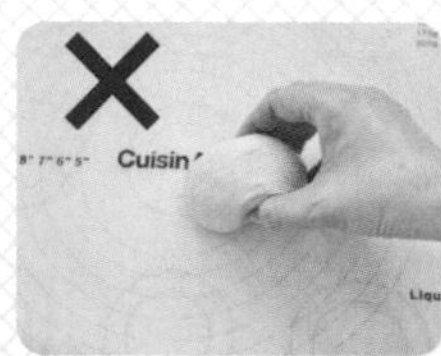
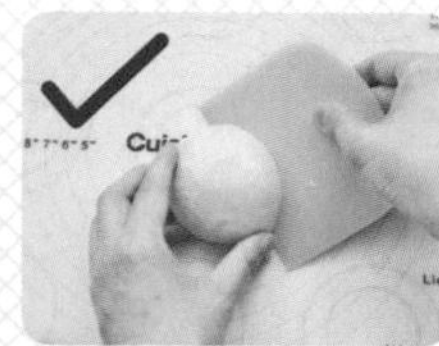
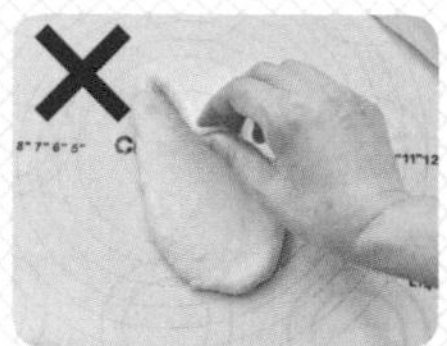
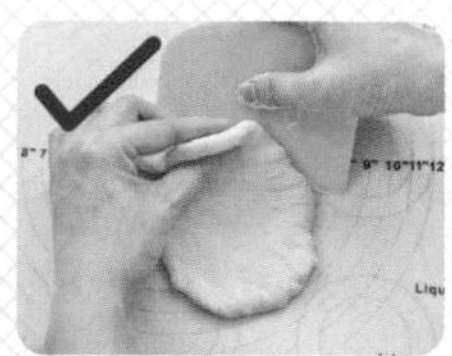

麵團拿取或翻面時，要用刮板輔助，徒手操作會拉扯麵團使變形。

整形的原則是：始終將有完整麵筋的一面（滾圓時的表面）朝外，這也是為何整形過程會多次「翻面」，且手法要遵循「抓皮不抓肉」的原則。收緊和折疊麵團的時候，只黏合表面筋膜即可。一旦表層薄膜的收緊，表面也會變得更加光滑。如果操作時施力沒有保持均勻一致、每個收口處沒有確實捏緊，就會影響膨脹方向導致變形。

操作時如果感覺**擀**開的麵團迅速回縮，則需要蓋保鮮膜繼續鬆弛，強行**擀**開或過度滾圓，都會導致表面的麵筋斷裂。若是沾黏導致不易操作，雙手可塗少量無鹽奶油防沾黏，也可使用少量高筋麵粉當成手粉；但手粉用量不能太多，否則會減弱麵團和操作臺之間的摩擦力，使操作變得困難。

為什麼山形吐司的三座山峰高度不一致？

操作過程的一致性，決定了山峰高度是否等高。三個麵團從分割時就要盡可能精確，到整形過程時的力度、排氣程度、**擀**開的長度、捲起的鬆緊度等都要保持一致，才能使麵團在後期發酵過程均勻膨脹。

E. 最後發酵　　也稱為二次發酵。

事實上，當完成基礎發酵的麵團排氣後開始分割，二次發酵就已經開始了。整形結束後，以二次發酵完成麵團的最後膨脹，達到適合烘焙的大小。雖然二次發酵對麵包味道的改變，不如基礎發酵那樣明顯，但發酵過程產生的二氧化碳和乙醇，也會使麵團風味更加豐富。通常經過二次發酵的麵團會達到成品大小的 80% ～ 90%，因為麵團在烘烤階段還會膨脹。

最後發酵的溫度通常比基礎發酵溫度略高，以 30℃～ 38℃為佳。記得要在最後發酵結束前先預熱烤箱，以免麵團未能及時入爐，造成發酵過度，最後塌陷或膨脹度不佳。

將整形好的麵團排列在烤盤或模具中（要預留麵包烘烤後的膨脹空間），蓋上保鮮膜進行最後發酵。

當麵團膨脹至原體積的 2 倍時，可初步判斷為發酵完成，以手指沾水輕按麵團表面判斷。

若按壓後留有淺淺的凹痕則發酵完成；若指痕迅速回彈平復則發酵不足；如形成很深的凹痕且有塌陷則為發酵過度。

★ 記得發酵結束前不能再觸碰麵團，否則很容易造成塌陷。

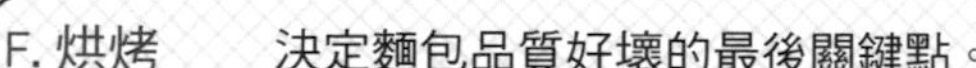

F. 烘烤　　決定麵包品質好壞的最後關鍵點。

烘烤的目的是去除多餘水分，使所有味道集中，包括入爐前的刷面和表面裝飾。麵團在烘烤時會發生三個重要反應：澱粉凝膠化、糖分焦化以及蛋白質凝固。

即使是不刷蛋液的素面，若能在入爐前的麵團表面噴少許水，也會更有利於膨脹。一旦麵包表面因烘烤結皮，就會阻礙麵團膨脹。

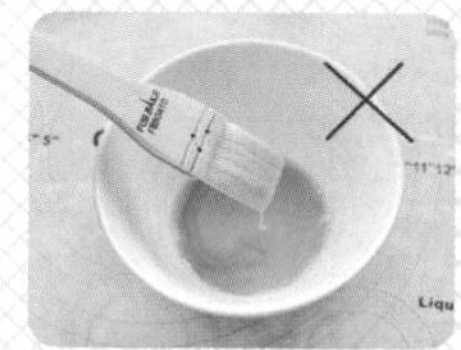

將蛋液打散並過篩。毛刷充分浸透蛋液，在盆邊刮去多餘蛋液，以免滴落或塗刷不勻。

刷面時力道要輕柔，毛刷與麵團呈 30 度左右，利用毛刷腹部輕輕撫過。切忌垂直操作，會很容易傷到麵團，導致表面不平整。

★ 不管是扁平的烤盤還是高大的吐司模，只要是使用家用烤箱，就不要同時放入兩盤麵包。正確的方法是麵包位於烤箱的垂直正中位置，在烤製過程隨時觀察上色狀況，一旦達到滿意的上色程度，便在表面加蓋鋁箔紙。

G. 冷卻　　冷卻是烘烤階段的延伸。

麵包在冷卻過程持續蒸發水分，逐漸達到最佳狀態，使風味更加濃郁。切忌將出爐的麵包留在模具或熱的烤盤上，這樣會使麵包內部水氣無法及時散發，滲入到內部形成塌陷等問題。

吐司出爐後，要第一時間將模具摔在操作臺上，震出內部熱氣並迅速脫模，使吐司「側躺」在平網盤上放涼。

其他麵包出爐後也要及時脫模，或用鏟子從烤盤上鏟出，置於平網盤上放涼。

H. 保存及品嚐　　就像剛出爐一樣新鮮美味。

麵包與空氣接觸容易老化，出爐後完全涼透的麵包要及時密封，以保持柔軟口感。記得一定要完全涼透再密封，以免殘餘濕氣在袋中凝結，導致麵包發霉。

手作麵包在常溫密閉環境下可保存 3 天左右，對口味沒有太大影響。如需長時間存放，可用密封袋或密封盒冷凍保存（大型吐司最好提前切片），食用前自然解凍，再入爐烘烤一下，即可恢復剛出爐的口感。但是不可冷藏，即便以密封保鮮袋存放，口感仍會因脫水變得粗糙。

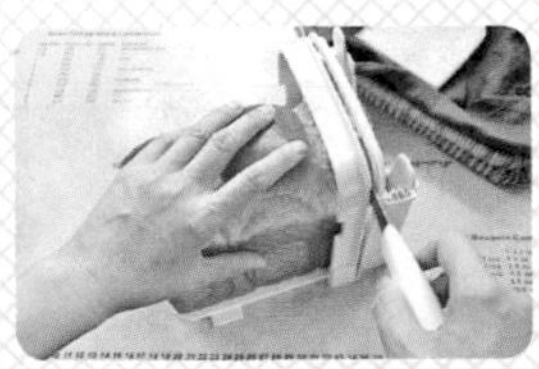

★ **帶有餡料、起司、肉類、水果的麵包不適合冷凍保存，請及時食用完畢。**

★ **為保持酥脆外皮，硬殼麵包應置於紙袋中儲存。**

四、中種法、液種法及湯種法的運用（間接法）

雖然「直接法」的流程簡單方便，但是可以嘗試用「間接法」使麵包更美味。麵包的味道主要來自於發酵過程而非穀物本身，「間接法」使麵團經過兩個以上的發酵步驟，充分喚醒穀物香味。

1 中種法

中種法是將部分（通常為 50%～70%）麵粉、水、糖、酵母等基礎原料混合成麵團，再進行 2～4 小時發酵（麵團膨脹到原體積 4 倍大）；或室溫發酵 1 小時後冷藏 24 小時延時發酵，再加入剩餘原料，後續做法和直接法相同。

如此一方面可以將製作過程拆分為兩段，縮短主麵團的發酵時間，十分省時；另一方面經過較長的發酵時間，麵團產生大量乳酸菌，口感更為柔軟有彈性，組織更細緻、香味更迷人。尤其黑麥、全麥麵包的差異會更明顯。

混合中種麵團的所有原料（完全混合即可，不需要達到出膜狀態）。

蓋保鮮膜，發酵至原體積 2～4 倍大（也可冷藏發酵 24 小時後使用）。

完成發酵的中種內部充滿蜂窩狀的氣孔（如經冷藏發酵，會有類似甜酒的香氣）。

撕碎發酵好的中種材料，混合主麵團所有材料（無鹽奶油除外）攪拌。後續製作方法與直接法相同。

★ **熟練中種法的製作後，可將直接法配方改為中種法來製作。**

2 液種法

先取配方中一定量的麵粉、等量水及少量酵母混合均勻，待其充分發酵後再加到主麵團中。液種麵團水分較多，混合後大致上呈液態狀，經低溫長時間發酵至中間塌陷的程度，再混合主麵團的效果最好。也因其含水量較高，所以口感是非常柔軟的。

將酵母溶於水中。

加入麵粉混合均勻成酵頭（前置麵糰）。

加蓋保鮮膜，室溫發酵至原體積 4 倍以上，至中間略有塌陷的狀態。

將發酵好的酵頭混合主麵團所有材料（無鹽奶油除外）攪拌。後續製作方法與直接法相同。

3 湯種法

湯種原料是高筋麵粉與熱水各 50 克（根據需要等比例增減）。

湯種法是將麵粉與 65℃～ 100℃的水混合，使麵粉糊化。在麵團中加入燙熟的麵粉，可提高麵團的保水性，使麵包加倍柔軟細緻。

做好的湯種可直接使用，但若用冷藏的隔夜湯種，麵包會更加柔軟。湯種冷藏可保存 2 天，冷凍可保存 7 天。

將湯種原料中的水加熱至沸騰，倒入準備好的麵粉中。

用筷子攪拌，混合均勻後蓋保鮮膜，在室溫下放涼後冷藏。

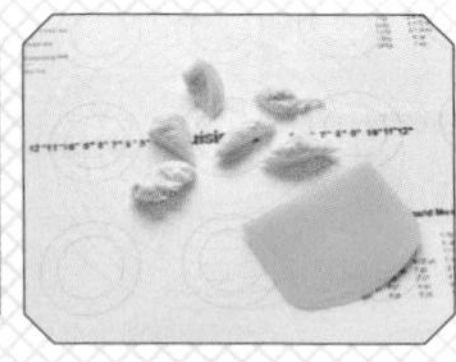

湯種切成小塊，混合主麵團所有材料（無鹽奶油除外）攪拌。後續製作方法與直接法相同。

五、烘焙百分比

烘焙百分比就是以麵粉為基準，將麵粉用量設定為100%之後，其他材料相對於麵粉的比例。只要熟練烘焙百分比，每個配方都可以在保持原料比例的情況下，根據麵包大小調整分量；或是在麵包大小確定的情況下，調整原材料的比例來優化配方。

1 當知道麵粉用量

假設要製作一個麵粉用量為 250 克的麵團，則根據烘焙百分比計算所需原料：

原料名稱	烘焙百分比	計算公式	實際用量（克）
高筋麵粉	90%	250×90%	225
全麥麵粉	10%	250×10%	25
細砂糖	15%	250×15%	37.5
酵母	1%	250×1%	2.5
鹽	1%	250×1%	2.5
水	65%	250×65%	162.5
無鹽奶油	10%	250×10%	25

2 當知道麵團用量

假設需要一份 500 克的麵團，根據烘焙百分比計算出每種原料的實際用量。
先算出總百分比（已知烘焙百分比的總和）為 192%。
計算出麵粉比例占總百分比：100÷192×100% ≒ 52.08%。
得出 500 克麵團所需的麵粉量為：500×52.08% ≒ 260。
最後，根據麵粉總量分別計算出其他原料的用量。

原料名稱	烘焙百分比	計算公式	實際用量（克）
高筋麵粉	90%	260×90%	234
全麥麵粉	10%	260×10%	26
細砂糖	15%	260×15%	39
酵母	1%	260×1%	2.6
鹽	1%	260×1%	2.6
水	65%	260×65%	169
無鹽奶油	10%	260×10%	26
合計	192%		500

當熟悉各原料在麵團中的比例之後，就可以輕易地判斷出一個配方的大致口感，再根據希望的口感微調原配方。以下比例為正常情況，也可能根據不同配方和風味需求調整。

原料名稱	占麵粉總量的比例
全麥、黑麥等	20% 左右
細砂糖	低糖麵包 0 ～ 5% 高糖麵包 10% ～ 20%
酵母	1% ～ 1.5%
鹽（一般和酵母等量）	1% ～ 1.5%
水（一般為雞蛋、牛奶、水、淡奶油等配方中所有液體材料的總重）	硬質麵包 50% 左右 標準麵團麵包 65% 左右 鄉村麵團麵包 70% 左右
無鹽奶油	標準麵團麵包 10% ～ 20% 布里歐 50% ～ 75%

當你使用過很多種配方之後，對各種比例配方的口感就有了明確認知，例如會知道鹹麵包麵團將適當減少糖量，並增加鹽的比重，且為了不影響發酵，會相應增加酵母用量（因為鹽會抑制酵母活性）。或者是配方如果使用了大量淡奶油、牛奶等，成品就會奶香濃郁。而使用蛋白的配方會讓麵團更有韌性，使用蛋黃的配方會讓成品更為酥鬆。若配方中的液體只有水分，代表成品相對清淡。麵團中無鹽奶油或蛋的含量越高，口感越柔軟。無鹽奶油含量高達 50% 以上的布里歐，口感就介於麵包與蛋糕之間。通常如果全部用高筋麵粉，65% 左右的水量比較容易操作，一旦配方中液體含量達到 70% 左右，代表麵團會非常濕黏，一定要謹慎操作。另外低筋麵粉吸水率低，如果配方中使用了部分低筋麵粉，水量會相對減少。

六、麵包製作常見問題

1 使用攪拌機、麵包機與手工揉麵的區別。

這三者的區別主要在「力道」和「溫度」。攪拌機的動力最強勁，攪拌速度和力度都最強，麵團在寬敞的攪拌缸裡充分「伸展」和「揉壓」，進而快速揉出極具延展性的薄膜。同時由於攪拌時間短，對麵團溫度也不會有太大影響。

相對來說，麵包機功率較小，要揉出合格的薄膜需要花費更多時間，力度不足也讓揉出的麵筋延展性略差。機器本身及攪拌過程產生的熱量，都會嚴重影響麵團品質。

手工揉麵需要很熟練的技巧，配合「搓長」、「摔打」、「折疊」等手法，也可達到快速出膜。但是對於分量較大的麵團，會比攪拌機花費更多時間，容易導致麵團狀態變差，造成麵筋量不足。

2 為什麼要使用「後油法」？

固態無鹽奶油具有一定的可塑性，可以分散附著在麵團內的網狀麵筋上。因此，先混合攪拌麵團中除了無鹽奶油的所有材料，至麵筋形成，再加入無鹽奶油。此時油脂就會沿著麵筋的薄膜擴散，並快速滲入麵團，進而縮短揉麵時間。

3 製作麵包時使用什麼狀態的無鹽奶油最好？

通常使用軟化的無鹽奶油。為了使麵團能更快地與無鹽奶油結合，可在攪拌過程中暫停，用手將無鹽奶油抓揉進麵團，再進行攪拌。如遇夏季高溫或麵團分量較大時，可將冷藏的無鹽奶油切塊後直接使用，但不能使用融化成液態的無鹽奶油。

4 影響發酵的因素有哪些？如何合理控制發酵來左右麵包風味？

無論麵團需要什麼形式的發酵，都不外乎是時間、溫度、原料之間的配合。糖是發酵的必備原料，既可以從原料中獲得，也可以透過澱粉轉化，最終會被酵母分解為乙醇和二氧化碳。乙醇會在烘焙過程中蒸發掉，而二氧化碳會使麵團膨脹。

酵母及鹽的用量、發酵溫度和濕度環境等，都左右著發酵的時間和狀態，這也是為何配方多半不會告知具體的發酵時間，而是以狀態來判斷。

最好使用少量酵母延長發酵時間，才能充分喚醒小麥的味道。過多酵母雖然會加快麵團的發酵速度，同時也將糖分消耗掉，只留下酒精的味道。

另外，鹽有抑制酵母活性的作用，麵團若加入過多的鹽，會抑制發酵速度。我們可以掌握酵母和鹽的合理比例，來控制發酵的速度和風味。

發酵溫度也更為直接地影響發酵時間。酵母在 37 ～ 38℃條件下最為活躍，4℃左右則進入相對休眠的狀態。之所以多半將發酵溫度控制在 25 ～ 35℃，是因為發酵不僅是為了增加麵團體積，更多的是讓酵母能長時間、穩定緩慢釋放二氧化碳氣體，進而使麵團充分熟成，產生更多芳香的成分，這也是用中種法做麵包更好吃的原因。

通常中種麵團可冷藏發酵 24 ～ 72 小時。酵母在低溫環境處於半休眠狀態，緩慢進行發酵，使麵團有更多時間醞釀出最好的風味。反之，高溫會使麵團迅速膨脹，酵母高度活躍釋出大量氣體，麵團內部組織通常產生大的空洞，生麵團帶有刺鼻酒精味，香氣不足。

除此之外，最後發酵的時間還會受麵團大小影響，大體積的吐司和小體積的軟麵包，發酵時間有很大差異。

5 為什麼麵團一定要揉出「大片結實的薄膜」？

充分揉麵可以使麵粉中的蛋白質產生極具彈性的麵筋，麵筋在麵團中擴散成網狀組織，形成有彈性的薄膜。此時酵母發酵產生二氧化碳，在麵團中形成一個個氣泡，並聚集變大；麵筋薄膜裹住氣泡並隨之變大，如同一個個充氣的氣球，支撐起麵包體積膨脹。

反之，如果此時薄膜不夠結實，就如同氣球還沒有吹起就破掉漏氣，根本不可能支撐麵團「長高」。

6 影響麵團「出膜」的因素有哪些？

通常水分含量高的麵團更容易出膜，原理在於麩質的生成。麩質是小麥最主要的蛋白質，形成小麥的結構並帶來風味。麩質由麩朊和麥穀蛋白兩種蛋白質形成，麵粉本身不含麩質，只有在加入水以後，這兩種蛋白質相互連接才形成更加複雜的蛋白質。因此越多水分與麵粉中的蛋白質結合，可以產生越多麵筋。另外，充分攪拌和拉伸有助於麵筋更加強韌，這也是為何揉麵時要配合「摔」的動作。

7 什麼是「自解法」？

自解法也稱「泡麵法」，是製作法國麵包常用的方法。方法是均勻混合麵粉和液體材料，靜置 30 分鐘左右，使麵粉與水分充分結合，自然產生筋膜，大大縮短後期揉麵時間。靜置後依次加入酵母、鹽，揉至光滑再加入無鹽奶油。

自解法特別適合手工揉麵和麵包機揉麵，可以達到快速出膜的目的。

8 為什麼烤好的麵包底部或側面會出現裂痕？

產生類似情況的原因有許多，通常是因為發酵不足、整形時收口沒有捏緊或沒有處於中心位置。

9 為什麼麵包上色不均勻？

因容積限制，家用烤箱容易有各位置溫度不一致的情況，可待麵包表面烤至固化後，調換烤盤或模具的位置，調轉 180 度使其均勻受熱。如烤製中途即上色滿意，要及時加蓋鋁箔紙，防止表皮烤色過重，烤吐司時更要格外注意。吐司體積高大，表面一般在 5 ～ 10 分鐘即可上色，一定要及時加蓋鋁箔紙。

10 為什麼我的麵包不鬆軟、不膨脹呢？

通常小麵包不膨脹的現象不會太明顯，吐司體積不如預期的可能性較大。這是因為吐司體積較大，需要更為結實的麵筋結構來支撐，就如同蓋大樓一定要用最牢固的鋼筋一樣。一旦麵包不膨脹，首先要檢視麵團攪拌是否充足，導致沒有揉出夠多、夠結實的麵筋。除此之外，最後發酵不充分、烘焙溫度過低導致時間拉長，也會使麵團流失水分，導致麵包變得緊縮乾硬。

11 為何吐司會出現「縮腰」？

通常是因為沒有完全成熟或發酵過度導致。另外，如果吐司出烤箱後沒有及時脫模，變硬的外皮不能立即排出內部的高溫水蒸氣，進而無法支撐麵包體，導致麵包中心位置下垂，拉扯吐司兩側向內凹陷。

12 不同模具之間如何換算麵團用量？

用配方模具的體積 ÷ 想要使用模具的體積，得到一個比值，用這個比值換算出所有原料。

計算體積的公式：

長方體或正方體體積 = 長 × 寬 × 高
圓柱體體積 =3.14× 半徑 ^{2}× 高

若是不規則形狀的模具，可以將模具能盛裝的水量（克）作為標準。

先計算出兩個模具的體積：

450 克吐司模的體積：19.6cm×10.6cm×11cm=2285cm^3
準備使用的模具體積：15cm×8cm×8cm=960cm^3
計算出兩者之間的比值：960÷2285=0.42

依此來計算原料的比例（原配方所有原料 ×0.42）

高筋麵粉 250 克 ×0.42=105 克
細砂糖 20 克 ×0.42=8.4 克
酵母 3 克 ×0.42=1.263 克
鹽 3 克 ×0.42=1.263 克
水 160 毫升 ×0.42=67.2 毫升
無鹽奶油 25 克 ×0.42=10.5 克

13 酵母如何保存？怎樣判斷酵母是否還有活力？

真空包裝的酵母一旦打開包裝，酵母就開始從空氣中吸收水分，活性的被慢慢喚醒。只要在室溫放置一段時間，尤其是經過了夏天的酵母，就會很容易失去活性。因此大包裝的酵母打開後，留足平時所需的量即密封常溫保存，其他未使用部分要密封冷藏或冷凍。

如果發現麵團在正常情況下的發酵緩慢，且最後發酵無力，就要考慮酵母是否還具備活性，可用以下方法檢驗。為了使對比更為明顯，我準備了兩份酵母：左邊杯子使用的是失效的酵母，右邊杯子裡是新打開包裝的酵母，可以從活力和持續發酵能力來加以判斷。

準備兩個玻璃杯，各倒入 100 克 40℃左右的溫水，加入 1 茶匙糖。

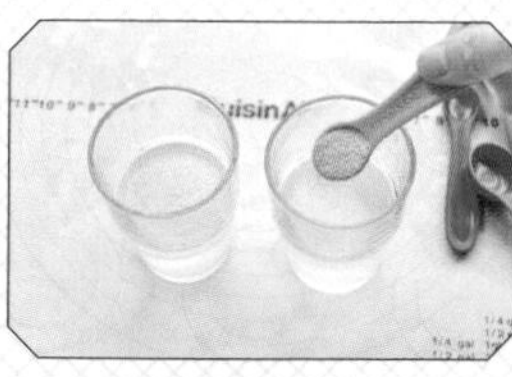

加入 1/2 茶匙酵母。

攪拌至酵母完全化開。

15 分鐘後，右邊杯子裡已經充滿泡沫，左邊杯子幾乎沒有大的變化。

40 分鐘後兩個杯子的比較。

1 個半小時後兩個杯子的情況。右邊杯子裡的酵母活力十足。

第二章 動手做麵包

—

麵包不僅有甜有鹹，
還有貝果、吐司、披薩、軟歐、
三明治等等變化。
無論你的口味為何，
一定都可以找到躍躍欲試的麵包款式。

甜麵包 Sweet Bread

材料（Ingredients）

高筋麵粉……450 克
細砂糖……65 克
鹽……3.5 克
酵母……5.5 克
蛋白……48 克
淡奶油……107 克
牛奶……153 克
無鹽奶油……35 克

表面裝飾（Decoration）

全蛋液、杏仁片

準備麵團 （Preparation）

用後油法將麵團揉至擴展階段 ⇒ 基礎發酵 ⇒ 排氣 ⇒ 平均分割成 20 份（每份約 43 克）⇒ 滾圓鬆弛 15 分鐘。

Cream Bun

奶油小餐包

柔軟的小餐包有濃濃的奶油香味，製作簡單，哪怕你對滾圓手法操作不是很熟練也不用怕。擠在烤盤裡的小餐包，一經發酵就會自動排好隊，小小的個頭深得小朋友喜歡。

製作方式：直接法
參考數量：20 個
使用模具：25cm×35cm 長方形深烤盤

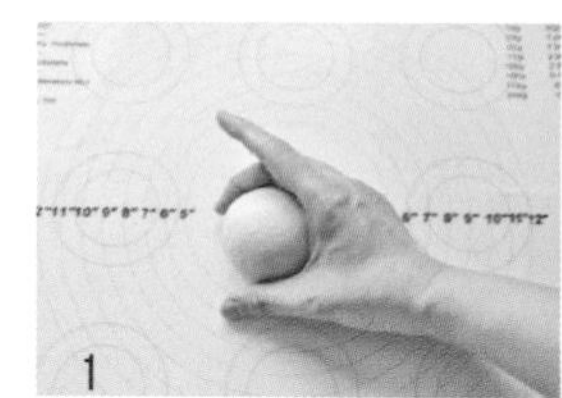
1

2

烘焙（Baking）

上下火，180℃，中層，20 分鐘。

製作步驟（Steps）

① 鬆弛好的麵團再次壓扁、排氣，重新滾圓，排入烤盤（圖 1）。

② 蓋保鮮膜，待發酵至原體積 2 倍大。

③ 表面刷蛋液、撒杏仁片之後入烤箱。

④ 烤好後立即脫模放涼（圖 2）。

Butter Roll

奶油捲

為什麼叫奶油捲呢？因為用了好多無鹽奶油啊！圓嘟嘟、小巧可愛的外形，還有非常鬆軟的口感，任誰都會愛上吧！

製作方式：直接法
參考數量：9 個
使用模具：烤盤

材料（Ingredients）
高筋麵粉……250 克
細砂糖……30 克
鹽……3 克
酵母……3 克
奶粉……10 克
全蛋液……30 克
水……135 克
無鹽奶油……38 克

表面裝飾（Decoration）
全蛋液

烘焙（Baking）
上下火，190℃，中層，16～18 分鐘。

製作步驟（Steps）

① 取一份鬆弛好的麵團擀成橢圓形，翻面後橫向放置，壓薄底邊（圖 1）。

② 自上而下捲起，並捏緊收口（圖 2～3）。

③ 搓成一頭大、一頭小的水滴形，依次做好 9 個（圖 4）。

④ 將水滴形的麵團一邊擀開、一邊輕輕拉伸，形成一個長約 25cm 的倒三角形（圖 5～6）。

⑤ 自上而下輕輕捲起，收尾處捏緊，依次做好 9 個（圖 7～8）。

⑥ 整形後收口朝下排列在烤盤上，蓋保鮮膜，待發酵至原體積 2 倍大（30～40 分鐘）。

⑦ 表面刷蛋液，入烤箱烘烤（圖 9）。

準備麵團（Preparation）
後油法將麵團揉至擴展階段 ⇒ 基礎發酵 ⇒ 排氣 ⇒ 分割成 9 份 ⇒滾圓鬆弛 15 分鐘。

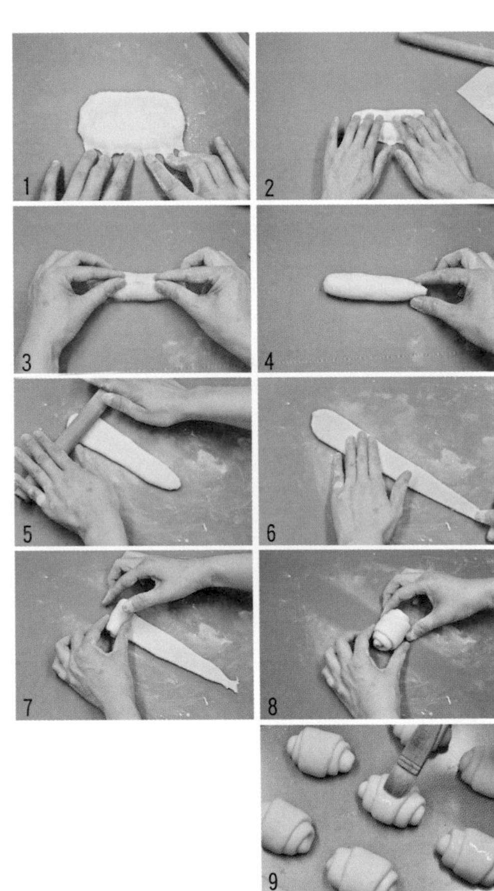

Plait Bread

辮子麵包

製作方式：直接法
參考數量：2 個
使用模具：烤盤

材料（Ingredients）
高筋麵粉……250 克
細砂糖……30 克
鹽……3 克
酵母……3 克
奶粉……10 克
全蛋液……30 克
水……135 克
無鹽奶油……38 克

表面裝飾（Decoration）
全蛋液、香酥粒

烘焙（Baking）
上下火，190℃，中層 ，18～20 分鐘。

準備麵團 （Preparation）
後油法將麵團揉至擴展階段 ⇒ 基礎發酵 ⇒ 排氣 ⇒ 分割成 6 份 ⇒滾圓鬆弛 15 分鐘。

整形方法見 P.26 頁。

香酥粒

材料（Ingredients）
無鹽奶油……45 克
細砂糖……30 克
低筋麵粉……70 克

製作步驟（Steps）
無鹽奶油充分軟化，加入細砂糖攪拌均勻，再篩入低筋麵粉略混合，用雙手輕輕搓成細碎顆粒（製作好的香酥粒可冷凍保存）。

Cream Egypt Bread

奶油埃及麵包

普通的麵團，極簡的操作，刷上厚厚的無鹽奶油和砂糖，高溫烘烤出類似油炸的酥脆表皮，就成為美味的奶油埃及。切成小塊享用，有一種蛋糕般的香甜。

製作方式：直接法
參考數量：5 個
使用模具：烤盤

材料（Ingredients）

高筋麵粉……250 克
細砂糖 ……23 克
鹽……3 克
酵母……3 克
奶粉……8 克
水……165 克
無鹽奶油……15 克

表面裝飾（Decoration）

軟化無鹽奶油、細砂糖

製作步驟（Steps）

① 將麵團擀成直徑 12cm 左右的圓形片狀（圖 1）。

② 依次排列在烤盤上。每個麵團表面刷 10 ～ 15 克軟化無鹽奶油。蓋保鮮膜，發酵 60 分鐘左右（圖 2）。

③ 完成最後發酵，在每個麵團表面撒 5 克砂糖（圖 3）。

④ 用手指在表面戳 6 個小洞，入烤箱烘烤（圖 4）。

烘焙（Baking）

上火 230℃ ，下火 190℃，中層，12 分鐘。

準備麵團（Preparation）

後油法將麵團揉至擴展階段 ⇨ 基礎發酵⇨ 排氣 ⇨ 分割成 5 份 ⇨ 滾圓鬆弛 15 分鐘。

Cheese Bread

芝麻乳酪麵包

試著把麵團中的無鹽奶油替換為奶油乳酪來製作，成品細膩柔軟，香味十足。

製作方式：直接法
參考數量：1 盤
使用模具：24cm×24cm 正方形深烤盤

材料（Ingredients）
高筋麵粉……300 克
細砂糖……45 克
酵母……4 克
鹽……3 克
全蛋液……40 克
淡奶油……55 克
牛奶……116 克
奶油乳酪……55 克

表面裝飾（Decoration）
全蛋液、白芝麻

烘焙（Baking）
180℃，上下火，中層，20 分鐘。

準備麵團（Preparation）
混合所有材料（奶油乳酪除外），揉至光滑 ⇨ 加入切塊的奶油乳酪，揉至擴展 ⇨ 基礎發酵 ⇨ 排氣 ⇨ 分割成 9 等份 ⇨ 滾圓鬆弛 15 分鐘。

製作步驟（Steps）

① 鬆弛好的麵團擀成橢圓形，翻面後捲起，捏緊收口成長條形（圖 1）。

② 依次將 9 個麵團全部做好（圖 2）。

③ 三條為一組，編成麻花辮（圖 3 ～ 4）。

④ 排列在烤盤裡，蓋保鮮膜，進行最後發酵（圖5）。

⑤ 完成發酵後在表面刷全蛋液、撒白芝麻，入烤箱烘烤（圖 6）。

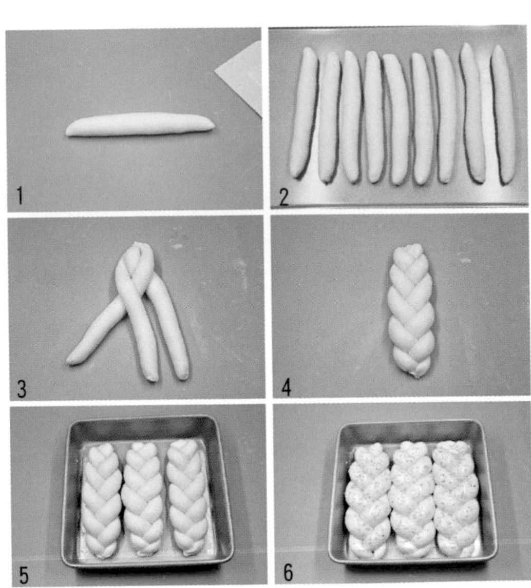

材料（Ingredients）

高筋麵粉……250 克
細砂糖……35 克
酵母……3.5 克
鹽……2 克
原味優酪乳……125 克
淡奶油……28 克
全蛋液……37 克
無鹽奶油……20 克

表面裝飾（Decoration）

高筋麵粉

烘焙（Baking）

180℃，上下火，中層，18 分鐘。

準備麵團（Preparation）

後油法將麵團揉至擴展階段 ⇒ 基礎發酵 ⇒ 排氣 ⇒ 分割成 8 份（每份約 60 克）⇒ 滾圓鬆弛 15 分鐘。

優格捲捲

把原味優格加入麵團，會使麵包變得柔軟美味哦。

製作方式：直接法
參考數量：8 個
使用模具：烤盤

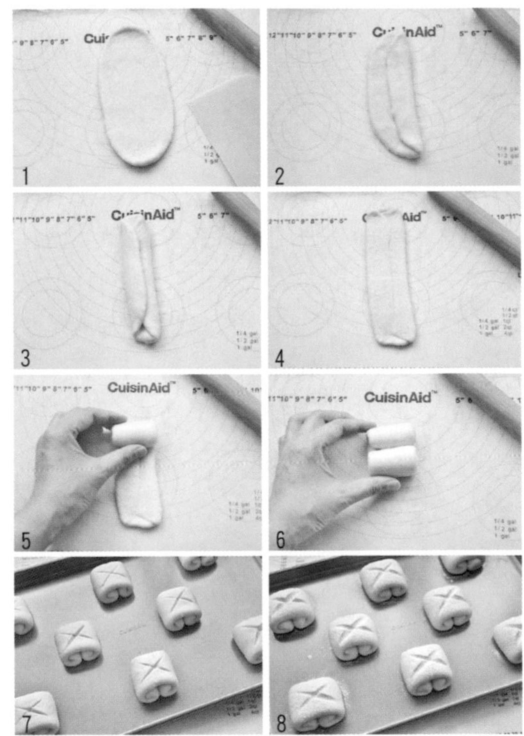

製作步驟 (Steps)

① 將鬆弛好的麵團擀成橢圓形（圖 1）。

② 翻面，左右各向中間折疊一次（圖 2 ～ 3）。

③ 再次擀開（圖 4）。

④ 自上而下、自下而上各捲至中間位置（圖 5 ～ 6）。

⑤ 翻面後排列在烤盤上，表面篩少許高筋麵粉，用利刀割出「×」圖案，蓋保鮮膜進行最後發酵（圖 7）。

⑥ 完成發酵後可再次篩上少許高筋麵粉，入烤箱烘烤（圖 8）。

Snow
White Bread
Dalahäst

雪國精靈

像白雪一樣潔白、柔軟的外表，但是彈性十足，就像是個活潑可愛的小精靈。

製作方式：直接法
參考數量：8 個
使用模具：烤盤

材料（Ingredients）

高筋麵粉……210 克
低筋麵粉……40 克
細砂糖……20 克
酵母……3 克
鹽……3 克
奶粉……8 克
牛奶……90 克
水……85 克
無鹽奶油……20 克

表面裝飾（Decoration）

高筋麵粉

製作步驟（Steps）

① 鬆弛好的麵團按扁，再次滾圓，收口朝下排列在烤盤上，篩上少許高筋麵粉（圖 1）。

② 用筷子或竹籤在麵團中間用力按出一道壓痕，待發酵至原體積2倍大，入烤箱烘烤（圖2）。

烘焙（Baking）

150℃，上下火，中層，20 分鐘。

準備麵團（Preparation）

後油法將麵團揉至擴展階段 ⇨ 基礎發酵 ⇨ 排氣 ⇨ 分割成 8 份 ⇨ 滾圓鬆弛 15 分鐘。

1

2

Blueberry
Cheese Bread

藍莓巧克力麵包

製作方式：直接法
參考數量：4 個
使用模具：烤盤

材料（Ingredients）

麵包
- 高筋麵粉……200 克
- 低筋麵粉……50 克
- 細砂糖……38 克
- 酵母……3 克
- 鹽……2 克
- 奶粉……8 克
- 全蛋液……25 克
- 水……132 克
- 無鹽奶油……37 克

表面裝飾
- 奶油奶酪……100 克
- 糖粉……10 克
- 蜂蜜……15 克
- 藍莓……適量
- 巧克力豆……適量

製作步驟（Steps）

① 將奶油乳酪軟化後攪拌順滑，加入蜂蜜和糖粉攪拌均勻，備用（圖 1）。

② 取一份麵團，擀成直徑約 15cm 的圓形，按壓邊緣排氣。排列在烤盤上，置於溫暖濕潤處，待發酵至原體積 2 倍大（圖 2～3）。

③ 在完成最後發酵的麵團邊緣刷上全蛋液，中間用叉子叉些小孔，以免烘烤過程中鼓起（圖 4～5）。

④ 將調製好的奶油乳酪抹在麵團上，注意邊緣 2cm 以內不要塗抹。將新鮮藍莓和耐烘焙的巧克力豆均勻地擺在乳酪上，入烤箱烘烤（圖 6～7）。

烘焙（Baking）

190℃，上下火，中層，15 分鐘。

準備麵團（Preparation）

後油法將麵團揉至擴展階段 ⇒ 基礎發酵 ⇒ 排氣 ⇒ 分割成 4 份 ⇒ 滾圓鬆弛 15 分鐘。

Tips

★ 新鮮藍莓在烘烤過程會爆出藍色汁液，這是正常現象，會混入乳酪中。享用前可以篩少許糖粉，或淋一些巧克力醬來裝飾。

香草卡士達麵包

製作方式：直接法
參考數量：8 個
使用模具：烤盤

把有著濃郁蛋奶香味的香草卡士達醬當成餡料，非常美味。

材料（Ingredients）

高筋麵粉……250 克
杏仁粉……37 克
細砂糖……31 克
鹽……2 克
酵母……3 克
全蛋液……19 克
水……163 克
無鹽奶油……25 克

表面裝飾（Decoration）

全蛋液

烘焙（Baking）

上下火，180℃，中層，16～18 分鐘。

準備麵團（Preparation）

後油法將麵團揉至擴展階段 ⇨ 基礎發酵 ⇨ 排氣 ⇨ 分割成 8 份 ⇨ 滾圓鬆弛 15 分鐘。

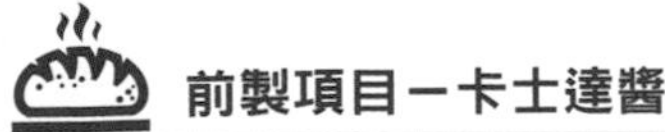

前製項目－卡士達醬

材料（Ingredients）

雞蛋……1 個
細砂糖……60 克
玉米澱粉……25 克
牛奶……250 克
香草莢……1/4 支

製作步驟（Steps）

① 雞蛋加細砂糖攪拌均勻，加入玉米澱粉拌勻（圖 1）。

② 將香草莢剖開取籽，混合牛奶煮至微沸（邊緣起泡）（圖 2）。

③ 將熱牛奶緩緩倒入蛋糊中，不斷攪拌（圖3）。

④ 將混合物倒回鍋中，以小火不停翻拌熬至濃稠，立即離火。將鍋子浸至冷水中降溫（圖 4）。

⑤ 完成的卡士達醬裝入深盤，將保鮮膜緊貼包覆在表面，冷藏備用（圖 5）。

Tips

★ 做好的卡士達醬可冷藏保存三天，使用前取出，再次攪拌滑順即可。

★ 卡士達醬不可太稀軟，如果水分太多，水氣在加熱過程蒸發，會使得餡料爆出，影響麵包形狀。

製作步驟（Steps）

① 取一份麵團，擀成橢圓形（圖 1）。

② 翻面後將一份卡士達醬置於中間位置（圖 2）。

③ 上下對折（圖 3）。

④ 收口處壓緊（圖 4）。

⑤ 用刮刀在邊緣等距離切出三個刀口（圖 5）。

⑥ 排列在烤盤上，待發酵至原體積 2 倍大。入烤箱前刷全蛋液（圖 6）。

肉桂的香味總是令我感覺好溫暖，它香氣馥郁卻不會過分濃烈，不管用來製作甜點還是麵包，都會讓人迷戀。千萬別止步於對它的想像，一定要親自嘗試才知道它的美好。

珍珠肉桂捲

製作方式：直接法
參考數量：約 8 個
使用模具：烤盤

肉桂糖

材料（Ingredients）

高筋麵粉……250 克
細砂糖……25 克
鹽……2 克
酵母……3 克
蛋黃……25 克
全蛋液……32 克
水……106 克
無鹽奶油……63 克

肉桂糖

細砂糖 40 克、肉桂粉 1 小匙（混合即可）

表面裝飾（Decoration）

無鹽奶油、肉桂糖、全蛋液、珍珠糖

製作步驟（Steps）

① 將鬆弛好的麵團擀成方形大片（從麵團中間向四角擀）（圖 1）。

② 表面刷一層厚厚的融化無鹽奶油（圖 2）。

③ 均勻地撒上肉桂糖（圖 3）。

④ 自上而下捲起（圖 4）。

⑤ 斜切成大小一致的梯形塊（圖 5）。

⑥ 取一份麵團，寬的一面在下，窄的一面在上，用筷子橫向壓一道壓痕（圖 6）。

⑦ 整形後置於烤盤，待發酵至原體積2倍大。在表面刷全蛋液，撒少許珍珠糖，入烤箱烘烤（圖7）。

烘焙（Baking）

上下火，180℃，中層，20 分鐘。

準備麵團（Preparation）

後油法將麵團揉至擴展階段 ⇒ 基礎發酵 ⇒ 排氣 ⇒ 滾圓鬆弛 20 分鐘。

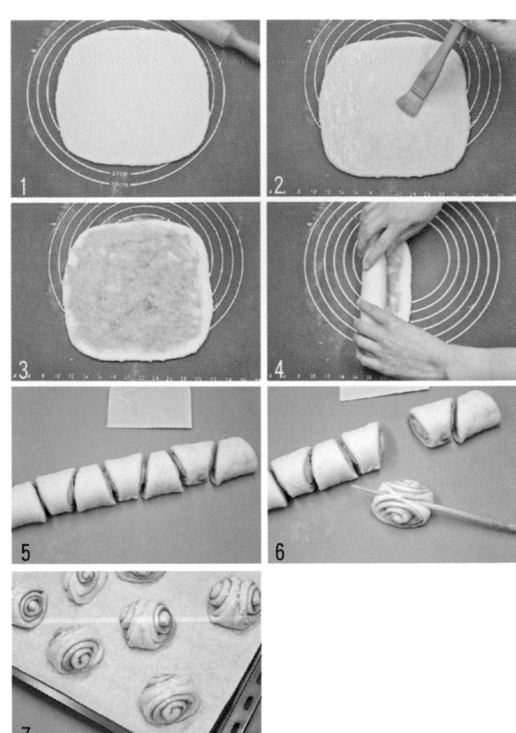

Sweet Strawberry

草莓貝瑞

湯種麵團格外鬆軟，配以香濃的卡士達醬和酸甜草莓醬，再加上香酥粒，就是這麼甜蜜。

製作方式：湯種法
參考數量：10 個
使用模具：烤盤

材料（Ingredients）
湯種……50 克
高筋麵粉……250 克
細砂糖 ……40 克
鹽……3 克
酵母……3 克
全蛋液……42 克
水……100 克
牛奶……25 克
無鹽奶油……25 克

湯種做法參考 P.32 頁。
卡士達醬做法參考 P.59 頁。
香酥粒做法參考 P.47 頁。

餡料（Stuffing）
卡士達醬

表面裝飾（Decoration）
全蛋液、香酥粒、草莓果醬

烘焙（Baking）
上下火，180℃，中層，18 分鐘。

準備麵團（Preparation）
提前製作湯種 ⇒ 湯種切塊，加入麵團，後油法將麵團揉至擴展階段 ⇒ 基礎發酵 ⇒ 排氣 ⇒ 分割成 10 份 ⇒ 滾圓鬆弛 15 分鐘。

製作步驟（Steps）

① 取一份麵團擀成橢圓形，翻面後橫向放置，壓薄底邊，塗上卡士達醬（圖1）。

② 自上而下捲起，捏緊收口處，依次做好其他所有麵團（圖 2）。

③ 將捲好的麵團搓成長約 30cm 的長條（圖 3）。

④ 捲起呈螺旋形，排列在烤盤上等待最後發酵（圖 4）。

⑤ 最後發酵至原體積 2 倍大（約 40 分鐘），刷上全蛋液，沿紋路擠上草莓醬，表面撒香酥粒後入烤箱烘烤（圖 5）。

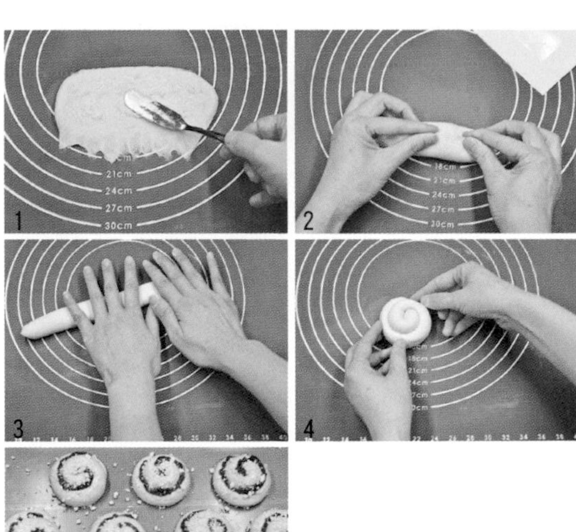

Milk Bread

泡芙夾心麵包

製作方式：直接法
參考數量：5 個
使用模具：烤盤

材料（Ingredients）

高筋麵粉……200 克
低筋麵粉……50 克
細砂糖……38 克
鹽……2.5 克
酵母……3 克
全蛋……25 克
水……132 克
奶粉……7.5 克
無鹽奶油……37 克

烘焙（Baking）

上下火，180℃，中層，18 分鐘。

準備麵團（Preparation）

後油法將麵團揉至擴展階段 ⇨ 基礎發酵 ⇨ 排氣 ⇨ 分割成 5 份 ⇨ 滾圓鬆弛 15 分鐘。

泡芙麵糊

材料（Ingredients）

無鹽奶油……20 克
水……57 克
鹽……1 克
細砂糖……5 克
高筋麵粉……30 克
全蛋液……45 克

製作步驟（Steps）

① 無鹽奶油、水、鹽、糖混合煮沸（圖 1）。

② 將過篩後的高筋麵粉一次性倒入鍋中，立即關火（圖 2）。

③ 用耐熱刮刀將其混合均勻（圖 3）。

④ 重新將小鍋置於火上，小火加熱並保持翻拌，待底部出現一層薄膜時離火（圖 4）。

⑤ 待麵糊降至溫熱時，少量多次加入打散的蛋液，每次都混合攪拌到完全吸收（圖 5）。

⑥ 提起刮刀，看到麵糊呈倒三角狀態即可（圖 6）。

雪露餡

材料（Ingredients）

無鹽奶油……60 克
糖粉……20 克
楓糖漿……25 克
奶粉……30 克
淡奶油……60 克

製作步驟（Steps）

① 無鹽奶油軟化後，加入糖粉混合均勻（圖1）。

② 加入楓糖漿混合均勻（圖 2）。

③ 加入奶粉混合均勻（圖 3）。

④ 加入淡奶油混合均勻（圖 4）。

⑤ 完成的雪露餡滑順無顆粒（圖 5）。

Tips

★ 淡奶油若冷藏則須提前回溫，以免引起無鹽奶油、油水分離。

製作步驟（Steps）

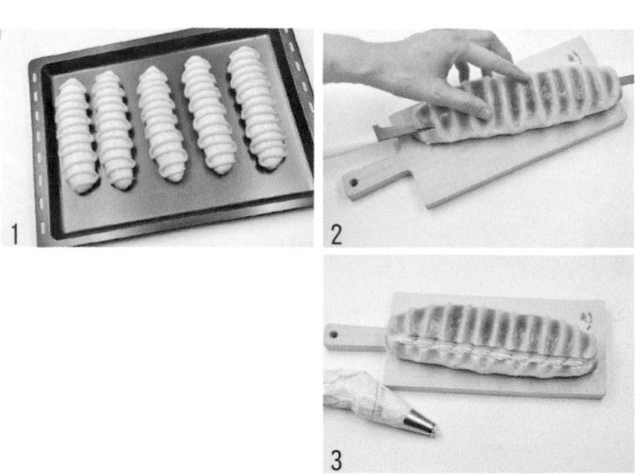

① 依 P.25 頁的做法，將麵包整形成長條形，最後發酵至原體積 2 倍大，表面刷全蛋液。

② 用小號圓形花嘴（或直接在裱花袋剪開一個小口），在完成發酵的麵團擠上 S 形的泡芙麵糊，入烤箱烘烤（圖 1）。

③ 出烤箱，待麵包放至微溫時可進行裝飾。橫向剖開，用花嘴擠入雪露餡，表面篩上糖粉（圖 2 ～ 3）。

Tips

★ 麵包一定要在食用前再夾餡，否則不易保存。

Coconut Bun

暖心椰蓉麵包

製作方式：直接法
參考數量：8 個
使用模具：烤盤

材料（Ingredients）
高筋麵粉……250 克
細砂糖……40 克
鹽……3 克
酵母……4 克
水……50 克
牛奶……50 克
全蛋液……50 克
無鹽奶油……35 克

表面裝飾（Decoration）
全蛋液

烘焙（Baking）
上下火，180℃，中層，18 分鐘。

準備麵團（Preparation）
後油法將麵團揉至擴展階段 ⇒ 基礎發酵 ⇒ 排氣 ⇒ 分割成 8 份 ⇒ 滾圓鬆弛 15 分鐘。

前製項目－椰蓉餡

材料（Ingredients）

無鹽奶油……30 克
細砂糖……30 克
全蛋液……30 克
牛奶……30 克
椰蓉……60 克

製作步驟（Steps）

① 無鹽奶油軟化，加入細砂糖打發（圖 1）。

② 分次加入全蛋液，攪拌至完全吸收（圖 2）。

③ 分次加入牛奶，攪拌至完全吸收（圖 3）。

④ 一次性加入椰蓉，混合均勻（圖 4 ～ 5）。

Tips

★ **最後加入牛奶時會有少許油水分離，無須過分擔心。加入椰蓉後混合均勻，靜置一會兒再使用，可使椰蓉充分吸收液體材料。**

製作步驟 1（Steps）：心形

① 取一份鬆弛好的麵團，擀成中間厚、四邊薄的圓形，包入一份椰蓉餡，捏緊收口（圖1～3）。

② 收口向下，將包入餡料的麵團壓扁，擀成橢圓形（圖 4 ～ 5）。

③ 翻面，使收口處向上，橫向放置並對折（圖6～7）。

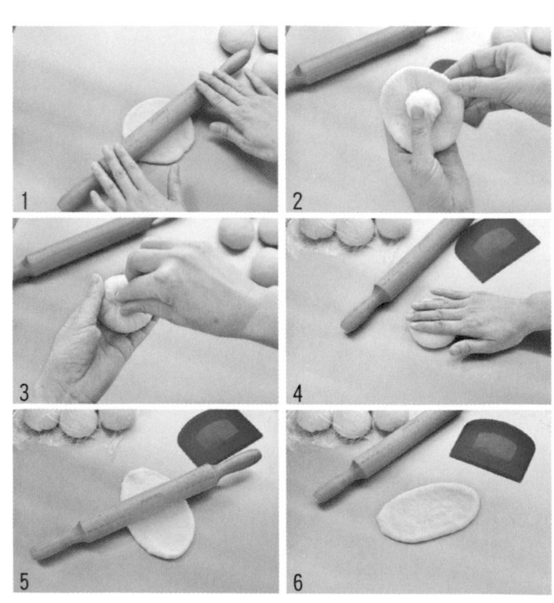

④ 再次對折，在中間部位切開。注意底部要留出 1cm 左右，不要完全切斷（圖 8 ～ 9）。

⑤ 將切面向上翻開，呈現心形（圖 10）。

⑥ 完成整形，待發酵至原體積 2 倍大，刷上全蛋液，入烤箱烘烤。

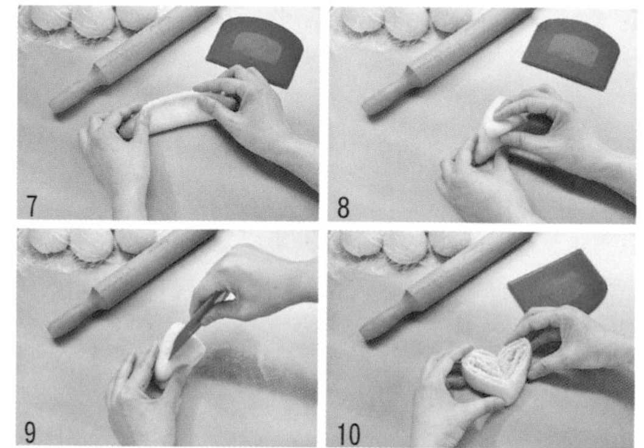

製作步驟 2：（Steps）：三角形

① 取一份鬆弛好的麵團擀開，包入一份餡料，捏緊收口，壓扁後　成橢圓形（圖1～5）。

② 翻面，使收口向上，橫向放置，左右各向中間折疊一次，並留有少量重疊（圖6）。

③ 對折後在中間切開一道口（圖7～8）。

④ 將尖角從開口處翻出來，整理成三角形（圖9～10）。

⑤ 完成整形，最後發酵至原體積2倍大，刷上全蛋液，入烤箱烘烤。

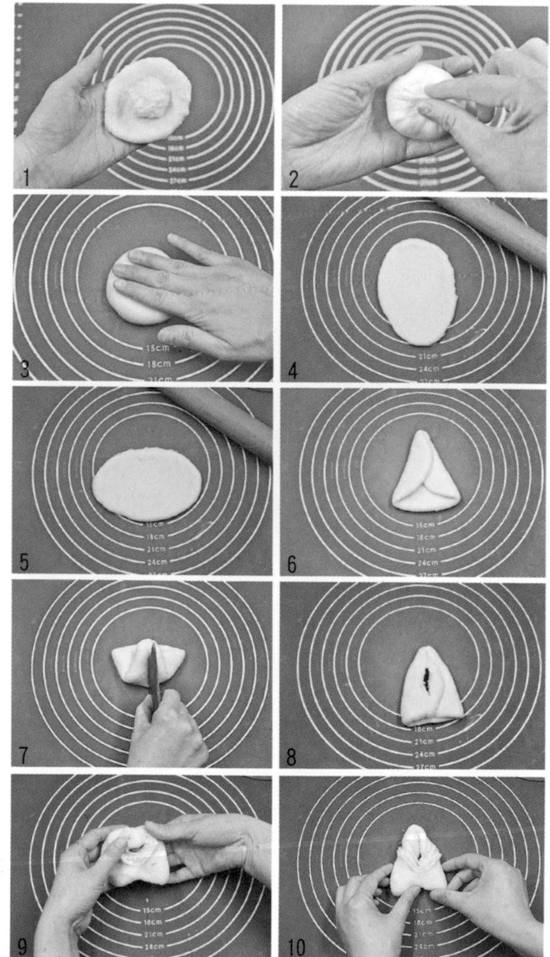

Peanut Butter Bun

花生醬麵包

你是不是和我一樣喜歡花生醬？而且還要是帶顆粒的喔！
試試看，把它包進麵包裡吧，好香好香啊！

製作方式：液種法
參考數量：8 個
使用模具：
11cm×8cm×4cm 橢圓形迷你乳酪模

材料（Ingredients）

液種材料
高筋麵粉……125 克
細砂糖 ……30 克
酵母……3 克
奶粉……5 克
全蛋液……50 克
水……92 克

主麵團材料
高筋麵粉……125 克
鹽……3 克
細砂糖……15 克
水……27 克
無鹽奶油……20 克

餡料（Stuffing）
顆粒花生醬……適量

烘焙（Baking）
上下火，200℃，中層，15 ～ 18 分鐘。

表面裝飾（Decoration）
全蛋液
杏仁片

準備麵團 （Preparation）
液種材料混合均勻，室溫發酵至原體積 4 倍大，至中間略有塌陷（或室溫發酵 1 小時後，冷藏延時發酵 24 小時）⇒ 將發酵好的液種材料混合主麵團材料，後油法揉至擴展階段 ⇒ 基礎發酵 ⇒ 排氣 ⇒ 分割成 8 份 ⇒ 滾圓鬆弛 15 分鐘。

製作步驟（Steps）

① 取一份麵團擀開後翻面，抹上一層厚厚的花生醬（圖1）。

② 左右各向中間折疊一次，捏緊接縫處（圖2）。

③ 用刮板縱向切兩刀，平均分為三份，頂端不要切斷（圖3）。

④ 編三股辮，捏緊兩端收口（圖4）。

⑤ 整理後置於模具中，進行最後發酵（圖5）。

⑥ 發酵至九分滿，在表面刷蛋液、撒上杏仁片，入烤箱烘烤（圖6）。

香烤蜂蜜饅頭

記得一定要使用深烤盤，這樣當底部油酥混合大量沙拉油之後，才能在烘烤過程呈現煎炸效果。

材料（Ingredients）

高筋麵粉……210 克
低筋麵粉…… 90 克
酵母……2.5 克
鹽……1.2 克
蛋……72 克
牛奶……120 克
細砂糖 ……60 克
泡打粉……2.5 克

底料（混合均勻即可使用）

細砂糖……10 克
低筋麵粉……12 克
芝麻……10 克

烘焙（Baking）

上火 210℃，下火 230℃，中層，15 分鐘。

表面裝飾（Decoration）

沙拉油
芝麻
蜂蜜水（蜂蜜和水 1：1 混合）

準備麵團（Preparation）

麵團所有原料混合揉至擴展階段 ⇒ 基礎發酵 ⇒ 排氣 ⇒ 分割成 8 份 ⇒ 滾圓鬆弛 15 分鐘。

製作方式：直接法
參考數量：16 個
使用模具：24cm×24cm 正方形深烤盤

製作步驟 （Steps）

① 一份麵團擀成橢圓形，翻面後橫向放置，壓薄底邊，自上而下捲起，捏緊收口。依次做好 8 個麵團（圖 1 ～ 5）。

② 將整形好的麵團搓長，收口朝下擀成寬 3.5cm、長約18cm的長方形（圖6～7）。

③ 翻面後自上而下捲起，捏緊收口。依次全部做好，整形（圖 8）。

④ 取一個捲起的麵團，從中間切開（圖 9）。

⑤ 將切面沾水，再沾滿底料排列在烤盤上。依次全部做好，均勻排列在烤盤中，蓋保鮮膜進行最後發酵（圖 10 ～ 12）。

⑥ 在完成發酵的麵團上淋沙拉油，並用毛刷在表面刷油，最後撒上芝麻，入烤箱烘烤（圖 13 ～ 15）。

⑦ 出烤箱後立即脫模，表面刷蜂蜜水使其趁熱吸收（圖 16）。

Tips

★麵團沒有使用油脂，攪拌過程中可能會有些黏，要有耐心攪拌。

★整形時擀開的長度和寬度很重要，太寬會導致麵團切開後過高，不容易站立，經過最後發酵就會變得東倒西歪，影響美觀。擀開的長寬一致，做出的花朵才會均勻。

★最後倒入盤底的沙拉油不要太少，否則底部的料不能被油浸透，就不會產生焦酥表面。可選用沙拉油、玉米油等沒有太重味道的油。

★最好趁熱吃，如果密封後底部變得不夠酥脆，回烤箱加熱或用平底鍋煎一下。

Chocolate Pastry

酥皮巧克力

就這樣小小一塊，像不像巧克力蛋糕呢？

製作方式：液種法

參考數量：8 個

使用模具：11cm×8cm×4cm 橢圓形迷你乳酪模

材料（Ingredients）

液種材料
- 高筋麵粉……125 克
- 細砂糖……30 克
- 酵母……3 克
- 奶粉……5 克
- 全蛋液……50 克
- 水……92 克

主麵團材料
- 高筋麵粉……125 克
- 鹽……3 克
- 細砂糖……15 克
- 水……27 克
- 無鹽奶油……20 克

巧克力酥菠蘿
- 無鹽奶油……20 克
- 細砂糖……40 克
- 低筋麵粉……45 克
- 可可粉……5 克

（製作方法參考 P.47 頁「香酥粒」）

配料

耐烘焙巧克力豆……適量

烘焙（Baking）

上下火，200℃，中層，
15～18 分鐘。

準備麵團（Preparation）

液種材料混合均勻，室溫發酵 4 倍大至中間略有塌陷（或室溫發酵 1 小時後，冷藏延時發酵 24 小時）⇨ 將發酵好的液種材料混合主麵團材料，後油法揉至擴展階段 ⇨ 基礎發酵 ⇨ 排氣 ⇨ 分割成 8 份 ⇨ 滾圓鬆弛 15 分鐘。

製作步驟（Steps）

① 將製作好的巧克力酥菠蘿鋪滿模具底部，用湯匙略壓緊實（圖 1）。

② 將鬆弛好的麵團切成 4 份（圖 2）。

③ 用手掌按扁（如果使用較大的模具，可用擀麵棍擀開）（圖 3）。

④ 鋪上少許巧克力豆（圖 4）。

⑤ 依次將四片小麵團重疊起來，每層都鋪上巧克力豆（圖 5）。

⑥ 麵團用擀麵棍擀開，大小與模具相仿（圖6）。

⑦ 表面噴水或直接用毛刷刷一層水（圖 7）。

⑧ 將麵團平鋪在模具中沾水的一面朝下，直接接觸酥菠蘿，用手指壓實，蓋保鮮膜發酵至 9 分滿。

⑨ 蓋上烘焙紙，壓上一只烤盤，入烤箱烘烤（圖 8）。

★ 可以使用任何喜歡的模具製作，完成後的麵包要底部朝上，放涼後用糖粉裝飾。

菠蘿圓舞曲

Pineapple Bun

製作方式：直接法
參考數量：10 個
使用模具：烤盤

材料（Ingredients）

高筋麵粉……200 克
低筋麵粉……50 克
細砂糖……50 克
酵母……3 克
鹽……3 克
奶粉……5 克
全蛋液……50 克
水……108 克
無鹽奶油……20 克

烘焙（Baking）

上下火，210℃，中層，12 分鐘。

準備麵團（Preparation）

後油法將麵團揉至擴展階段 ⇒ 基礎發酵 ⇒ 排氣 ⇒ 分割成 10 份 ⇒ 滾圓鬆弛 15 分鐘。

菠蘿皮（利用麵團發酵的時間製作）

材料（Ingredients）

無鹽奶油……42 克
細砂糖……80 克
全蛋液……68 克
低筋麵粉……180 克

製作步驟（Steps）

① 無鹽奶油微波或隔水加熱化開，加入細砂糖攪拌均勻（圖 1）。
② 加入全蛋液攪拌均勻（圖 2～3）。
③ 篩入低筋麵粉（圖 4）。
④ 混合均勻後冷藏 1 小時（圖 5）。
⑤ 冷藏後分成 40 克／個，備用（圖 6）。

製作步驟（Steps）

① 取一份菠蘿皮，擀成中間厚、四邊薄的麵團（圖 1）。

② 將鬆弛好的麵團按扁排氣（圖 2）。

③ 重新滾圓（圖 3）。

④ 包裹菠蘿皮，左手握住菠蘿皮，右手捏緊麵團收口處，使菠蘿皮緊緊貼合麵團，並包裹住至少3/4的麵團（圖4）。

⑤ 在包好的菠蘿皮表面噴少許水，右手仍然捏住麵團底部收口處。將菠蘿皮表面均勻沾滿細砂糖（圖 5）。

⑥ 用刮板在表面刻劃紋路（圖 6）。

⑦ 所有麵團整形後排列在烤盤上，蓋保鮮膜最後發酵約 40 分鐘，入烤箱烘烤（圖 7）。

材料（Ingredients）

高筋麵粉……200 克
低筋麵粉……50 克
細砂糖……50 克
鹽……2.5 克
酵母……2.5 克
奶粉……10 克
水……75 克
牛奶……50 克
全蛋液……30 克
無鹽奶油……25 克

表面裝飾（Decoration）

全蛋液

烘焙（Baking）

上下火，180℃，中層，18 分鐘。

準備麵團（Preparation）

後油法將麵團揉至擴展階段 ⇒ 基礎發酵 ⇒ 排氣 ⇒ 分割成 8 份 ⇒ 滾圓鬆弛 15 分鐘。

經典螺旋捲

製作方式：直接法
參考數量：8 個
使用模具：錐形螺管

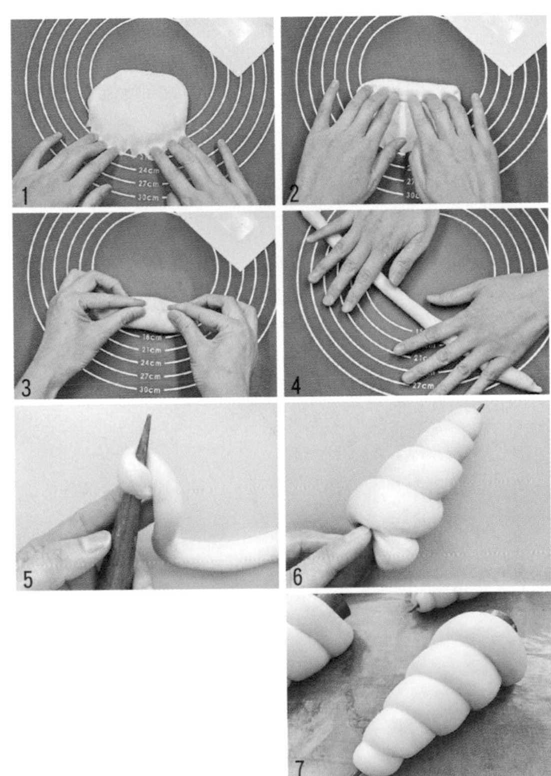

製作步驟 （Steps）

① 取一份麵團擀成橢圓形，翻面後橫向放置，壓薄底邊（圖 1）。

② 自上而下捲起（圖 2）。

③ 捏緊收口（圖 3）。

④ 搓至 30 ～ 40cm 長，一端略粗（圖 4）。

⑤ 細的一端自錐形螺管尖端 1cm 處開始纏繞（圖 5）。

⑥ 收尾處塞入底部。可用小叉子挑起麵團，將收尾處填入（圖 6）。

⑦ 收口朝下排在烤盤上，最後發酵。入烤箱前刷全蛋液（圖 7）。

Tips

★ 製作好的螺捲中也可以擠入打發的鮮奶油、雪露餡（參照本書 P.66 頁），也可調製沙拉來搭配。

Almond Crispy Bread

杏仁脆皮麵包

烘烤過的杏仁脆皮麵包又香又脆，小小、薄薄的麵包體，製作起來也極為簡單。加熱一下再食用味道會更好。

製作方式：直接法
參考數量：9 個
使用模具：烤盤

材料（Ingredients）

高筋麵粉……250 克
細砂糖……50 克
鹽……3.5 克
酵母……4 克
奶粉……6 克
全蛋液……50 克
牛奶……50 克
水……57 克
無鹽奶油……35 克

表面裝飾（Decoration）

杏仁糊：
蛋白……25 克
糖粉……13 克
低筋麵粉……13 克
杏仁片……50 克

準備麵團（Preparation）

後油法將麵團揉至擴展階段 ⇨ 基礎發酵 ⇨ 排氣 ⇨ 分割成 8 份 ⇨ 滾圓鬆弛 15 分鐘。

烘焙（Baking）

上火 200℃，下火 180℃，中層，15 分鐘。

製作步驟（Steps）

① 將鬆弛好的麵團擀成圓形，排列在烤盤上，發酵30～40分鐘（圖1）。

② 將蛋白加糖粉，和低筋麵粉混合攪拌均勻（圖 2）。

③ 加入杏仁片混合，成杏仁糊（圖 3）。

④ 在完成最後發酵的麵團表面刷一層軟化的無鹽奶油，用叉子戳幾個洞，以防烘烤時鼓起（圖 4）。

⑤ 將製作好的杏仁糊均勻地攤在麵團上，入烤箱烘烤（圖 5）。

⑥ 出烤箱，在表面刷少許無鹽奶油使其吸收（圖 6）。

Corn Salad Bread

材料 (Ingredients)
高筋麵粉……250 克
細砂糖……20 克
鹽……3.5 克
酵母……3.5 克
水……156 克
無鹽奶油……20 克
甜玉米粒……30 克

表面裝飾 (Decoration)
全蛋液適量、甜玉米粒 110 克、沙拉醬適量、莫札瑞拉起司 75 克

烘焙 (Baking)
上下火，180℃，中層，20 分鐘。

準備麵團 (Preparation)
後油法將麵團揉至擴展階段 ⇒ 取出麵團。將 30 克甜玉米粒瀝乾水，以折疊的方式混合入麵團中 ⇒ 基礎發酵 ⇒ 排氣 ⇒ 分割成 8 份 ⇒ 滾圓鬆弛 15 分鐘。

玉米乳酪麵包

一定要嘗試的清甜口感小餐包。注意要使用甜玉米而不是普通玉米。甜玉米的清香搭配沙拉醬的酸甜，加上烤到金黃色的香濃乳酪，真是太完美了！

製作方式：直接法
參考數量：8 個
使用模具：烤盤

製作步驟 （Steps）

① 將鬆弛好的麵團整形成橄欖形（參考本書P.26頁），排列在烤盤上，發酵至原體積2倍大（40分鐘左右）（圖1）。

② 完成發酵，表面刷全蛋液，用利刀在麵團表面縱向劃一痕，切口要盡可能深一點（圖 2）。

③ 在切口處擺放甜玉米，擠沙拉醬並擺上乳酪，入烤箱烘烤（圖 3 ～ 5）。

Tips

★橄欖形的整形看似容易，但烘烤後若想保持標準形狀，就需要多次練習。可以在整形後將橄欖形略微按扁，以避免在後期發酵及烘烤中變形。

★這款小餐包割口部分必須完全展開，以方便承載更多甜玉米。發酵完成後用利刀切口一定要深，切開後將麵團向兩側略整理，形成更大的凹槽。太淺的切口會使餡料在烘烤過程中傾斜流出。

材料（Ingredients）
高筋麵粉……200 克
低筋麵粉……50 克
細砂糖……50 克
鹽……3 克
酵母……3 克
奶粉……5 克
全蛋液……50 克
水……103 克
無鹽奶油……20 克

表面裝飾（Decoration）
黑巧克力
白巧克力

餡料（Stuffing）
紅豆沙

烘焙（Baking）
上下火，190℃，中層，15～17 分鐘。

準備麵團（Preparation）
後油法將麵團揉至擴展階段 ⇒ 基礎發酵 ⇒ 排氣 ⇒ 分割成 9 份 ⇒ 滾圓鬆弛 15 分鐘。

豆沙小熊

只需要稍微花點心思，就可以將普通的豆沙包製作成孩子喜歡的動物圖樣。和孩子一起來製作吧。

製作方式：直接法

參考數量：9 個

使用模具：烤盤

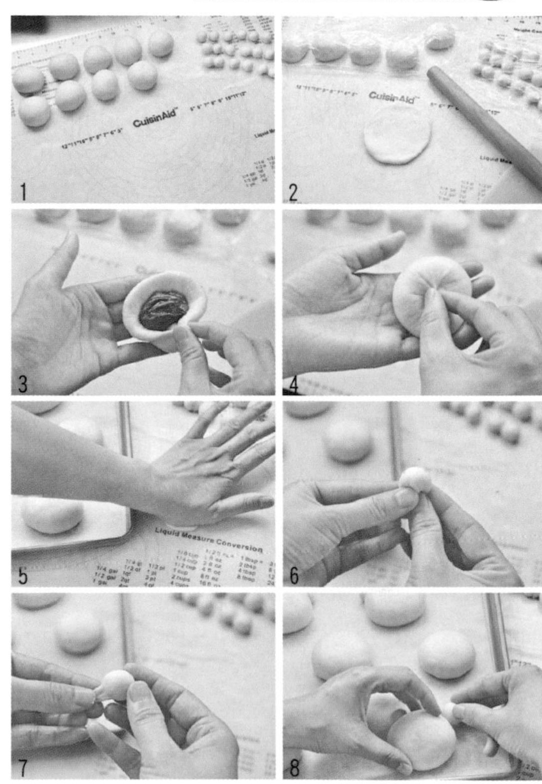

製作步驟（Steps）

① 後油法將麵團揉至擴展階段，基礎發酵至原體積 2 倍大。完成基礎發酵的麵團排氣後分割成數個 45 克／個、3 克／個，滾圓鬆弛 15 分鐘後使用（圖 1）。

② 取一個大麵團擀成圓形，包入豆沙餡，捏緊收口，當成小熊的頭部（圖2～4）。

③ 將小麵團按扁，四周往裡收，形成表面緊繃、光滑的小麵團，將收口捏長一點（圖 5 ～7）。

④ 將小麵團拉長的收口部分壓在大麵團下，當成小熊的兩隻耳朵（圖 8）。

⑤ 出爐後待麵包完全涼透再進行裝飾。將黑巧克力和白巧克力分別裝在裱花袋中，隔溫水將巧克力融化。將裱花袋剪開小口，畫出小熊的眼睛和鼻子。

Tips

★ **動物麵包整形的重點是小麵團和大麵團的銜接，如果固定不好，很容易在後期的發酵過程中完全掉落，破壞造型。**

Cheese Red Bean Burger

乳酪紅豆堡

濃濃的奶香、鬆軟的麵團，原來乳酪和紅豆才是甜蜜絕配。

製作方式：液種法
參考數量：9 個
使用模具：9cm×6cm×4cm 迷你長方形模

材料（Ingredients）

液種材料
高筋麵粉……50 克
水……50 克
酵母……1 克

主麵團材料
高筋麵粉……200 克
細砂糖……35 克
酵母……3 克
鹽……2.5 克
奶粉……8 克
雞蛋……48 克
淡奶油……47 克
水……29 克
無鹽奶油……20 克

配料

奶油奶酪……100 克
糖粉……10 克
蜜紅豆……50 克
（奶油乳酪軟化後加入糖粉攪拌均勻，加入蜜紅豆混合）

烘焙（Baking）

180℃，上下火，中層，18 分鐘。

準備麵團（Preparation）

液種材料混合均勻，室溫發酵至原體積4倍大，至中間略有塌陷（或室溫發酵1小時後，冷藏延時發酵24小時）⇒ 將發酵好的液種混合主麵團材料，後油法揉至擴展階段 ⇒ 基礎發酵 ⇒ 排氣 ⇒ 分割成9份 ⇒ 滾圓鬆弛15分鐘。

製作步驟（Steps）

① 鬆弛好的麵團擀成橢圓形（圖 1）。

② 翻面後將乳酪紅豆餡放在前端（圖 2）。

③ 壓薄底邊，自上而下捲起（圖 3）。

④ 捏緊底邊和兩側（圖 4）。

⑤ 置於模具內（或者有間隔地排列在烤盤上）（圖 5）。

⑥ 蓋保鮮膜進行最後發酵，入烤箱前在表面刷上蛋液（圖 6）。

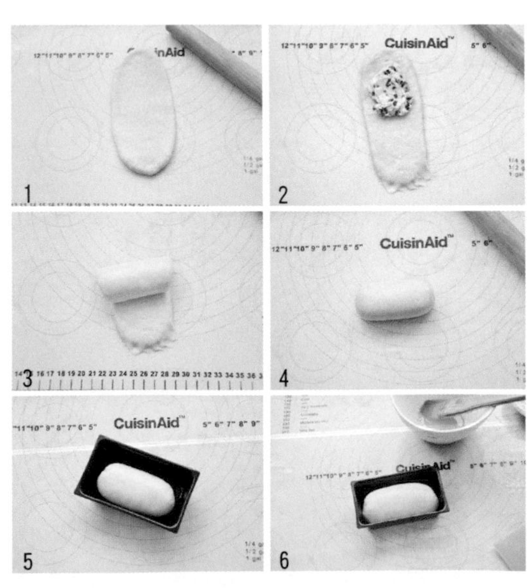

Red Bean Cream Bread

人氣紅豆麵包

咬下柔軟香甜的紅豆麵包，先是經過中種發酵的麵團香氣十足，然後是濃得化不開的甜蜜滋味。

製作方式：中種法
參考數量：11 個
使用模具：烤盤

材料（Ingredients）

中種材料

- 高筋麵粉……175 克
- 細砂糖……12.5 克
- 酵母……3 克
- 水……100 克

主麵團材料

- 高筋麵粉……50 克
- 低筋麵粉……25 克
- 細砂糖……50 克
- 鹽……3 克
- 奶粉……10 克
- 淡奶油……20 克
- 全蛋……35 克
- 無鹽奶油……30 克

餡料（Stuffing）

紅豆沙

表面裝飾（Decoration）

全蛋液
白芝麻

烘焙（Baking）

上下火，中層，180℃，16～18 分鐘。

準備麵團（Preparation）

中種材料混合均勻，室溫發酵至原體積 3～4 倍大（或室溫發酵 1 小時後，冷藏延時發酵 24 小時）⇒ 將發酵好的中種撕碎，混合主麵團材料，後油法揉至擴展階段 ⇒ 基礎發酵 ⇒ 排氣 ⇒ 分割成 11 份 ⇒ 滾圓鬆弛 15 分鐘。

製作步驟（Steps）

① 鬆弛好的麵團擀成中間厚、四周薄的圓形（圖1）。

② 包入蜜紅豆，捏緊收口（圖 2）。

③ 將包好餡料的麵團收口朝下排入烤盤，最後發酵至原體積 2 倍大（圖 3）。

④ 在完成發酵的麵包表面刷全蛋液。擀麵棍的一端沾水，沾上芝麻，壓在麵包表面，入烤箱中層烘烤（圖 4）。

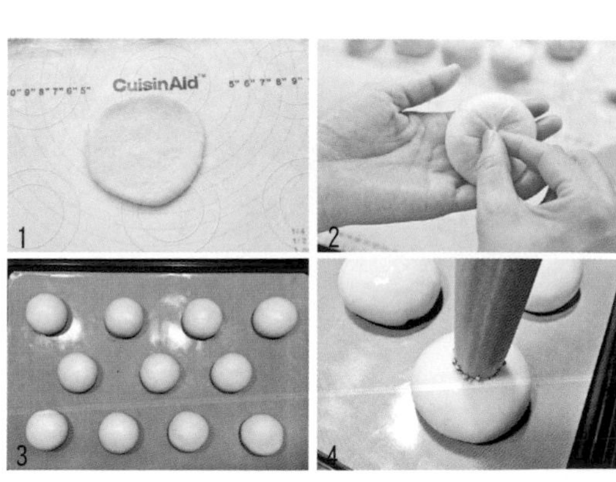

Japanese Red Bean Bread

在家手工煮紅豆的口感，總是格外綿甜清新，吃再多也不會覺得膩。

材料（Ingredients）

高筋麵粉……220 克
低筋麵粉……30 克
細砂糖……40 克
酵母……3.5 克
鹽……3 克
奶粉……18 克
水……156 克
無鹽奶油……25 克

烘焙（Baking）

190℃，上下火，中層，18 分鐘。

準備麵團（Preparation）

後油法將麵團揉至擴展階段 ⇒ 基礎發酵 ⇒ 排氣 ⇒ 分割成 12 份 ⇒ 滾圓鬆弛 15 分鐘。

日式豆沙麵包

製作方式：直接法
參考數量：12 個
使用模具：烤盤

前製項目－紅豆餡

材料（Ingredients）

紅豆……200 克
細砂糖……80 克
水……700 克

製作步驟（Steps）

① 紅豆提前浸泡過夜（圖 1）。

② 泡好的紅豆淘洗幾遍，加水煮沸，轉中火加蓋燜煮（圖 2）。

③ 等紅豆軟爛、水也變少時，加入砂糖並不停攪拌。如果喜歡吃豆沙泥，就用湯匙多壓幾下紅豆，否則只需翻炒即可。可保留少量豆子顆粒（圖3）。

④ 水分收乾後關火（圖 4）。

⑤ 將煮好的紅豆盛出放涼，搓成 25 克／個的小球（圖 5）。

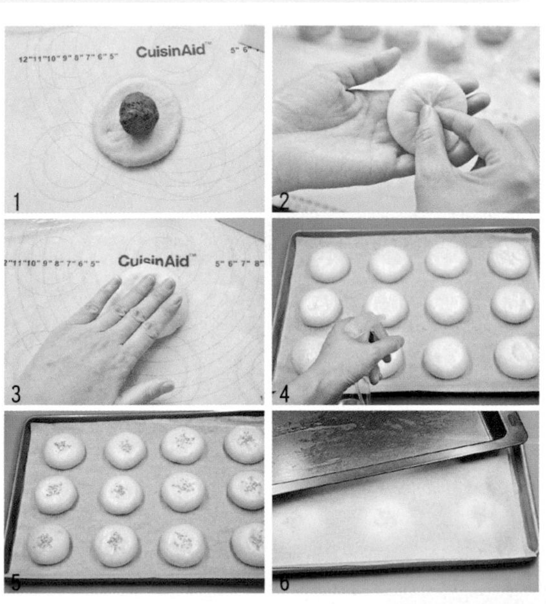

製作步驟 （Steps）

① 取一份鬆弛好的麵團擀成圓形，翻面後包入 25 克紅豆餡（圖 1）。

② 將收口處捏緊（圖 2）。

③ 收口朝下，輕輕按扁，擺入烤盤，最後發酵約 40 分鐘（圖 3）。

④ 完成最後發酵，在表面噴少許水（圖 4）。

⑤ 撒上少許白芝麻（圖 5）。

⑥ 表面蓋上一張烘焙紙，壓上一個平底烤盤，入烤箱烘烤（圖6）。

Matcha Red Bread Pastry

酥皮抹茶紅豆包

以日式紅豆包為基礎，再裹上一層中式酥皮，奢華口味大升級！

製作方式：直接法
參考數量：12 個
使用模具：烤盤

材料（Ingredients）

水油皮材料

- 中筋麵粉……135 克
- 糖粉……30 克
- 無鹽奶油……54 克
- 水……36 克

油酥材料

- 低筋麵粉……120 克
- 無鹽奶油……75 克
- 抹茶……3 ～ 5 克（可依喜好調整）

烘焙（Baking）

190℃，上下火，中層，18 分鐘。

準備麵團 （Preparation）

麵包的製作同日式豆沙麵包（參考 P.91 頁），可以用麵團發酵的時間製作酥皮。

製作步驟 （Steps）

① 水油皮材料中的中筋麵粉、糖粉混合均勻，加入軟化的無鹽奶油，搓成細碎的顆粒，加水揉勻，成水油皮麵團。水油皮麵團揉勻後要靜置 15 分鐘再使用。

② 油酥材料中的低筋麵粉和軟化無鹽奶油混合均勻，視個人喜好可加入3～5克抹茶粉（圖1）。

③ 將水油皮和油酥各平均分成 6 份（圖 2）。

④ 一份水油皮擀開後包裹一份油酥，捏緊收口，依次包好6個（圖3～4）。

⑤ 將麵糰微壓扁，擀成橢圓形（圖 5 ～ 6）。

⑥ 自上而下捲起，依次做好 6 個（圖 7 ～ 8）。

⑦ 將捲起的麵團按扁後再次捲起，依次做好8個，備用（圖9～11）。

⑧ 取一份麵團從中間切開，切面朝上按扁，擀成中間厚、四周薄的圓形（圖12～14）。

⑨ 用做好的酥皮包入一個包好紅豆的麵包麵團，捏緊收口（圖15～16）。

⑩ 有間隔地擺入烤盤，用手掌輕輕壓扁，蓋保鮮膜，最後發酵30分鐘左右（圖17）。

⑪ 入烤箱前表面蓋烘焙紙，上面壓一個烤盤（圖18）。

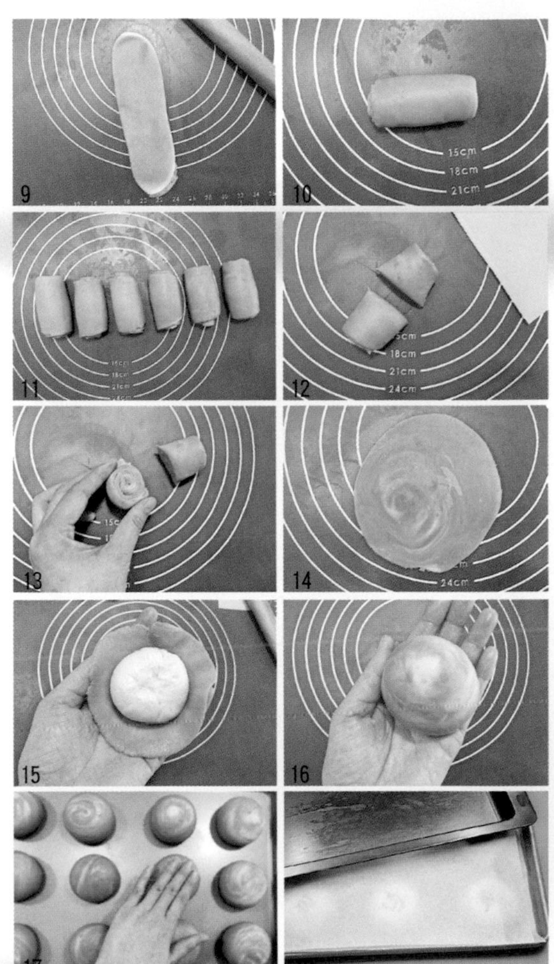

Sweet Doughnut

脆皮鮮奶甜甜圈

這是我最喜歡的甜甜圈，百吃不厭。使用大量蛋黃讓它變得酥酥的，並有滿滿的蛋香味。

製作方式：直接法
參考數量：14 個
使用模具：甜甜圈印模

材料（Ingredients）

麵團
- 中筋麵粉……330 克
- 牛奶……80 克
- 酵母……5 克
- 全蛋……1 顆
- 蛋黃……3 顆
- 細砂糖……50 克
- 鹽……1 克
- 香草精……1 克
- 融化無鹽奶油……80 克

表面裝飾（Decoration）

糖粉、細砂糖、肉桂粉

製作步驟（Steps）

① 取一半牛奶加溫至40℃左右，加入酵母使其融化，和其他所有麵團材料混合，攪拌至光滑，基礎發酵至原體積2倍大（圖1）。

② 取發酵好的麵團擀開，成 1cm 厚度的大片，蓋保鮮膜，鬆弛 10 分鐘（圖 2）。

③ 用甜甜圈壓模壓出麵團（圖 3）。

④ 靜置 45 分鐘，進行最後發酵（圖 4）。

⑤ 油溫達到 160℃左右時，將發酵好的甜甜圈炸至兩面金黃（圖 5）。

⑥ 撈出，用吸油紙吸去多餘油脂（圖 6）。

⑦ 享用前可以篩上糖粉，或是將細砂糖裝入大的密封袋，把甜甜圈放進去晃動，使其裹滿砂糖。喜歡肉桂味道的，也可以在細砂糖中混合少量肉桂粉。

Tips

★ **麵團水分含量少，因此一定要提前用溫熱的牛奶將酵母化開。**

★ **印模刻出甜甜圈後的邊角料可以揉在一起，鬆弛 15 分鐘後重新擀開操作，也可以直接使用。**

★ **炸甜甜圈的油溫不能過高，否則很容易炸糊，可以用紅外線測溫儀測量一下油溫。**

Croissant

奶香小牛角

這是一款有嚼勁的硬質麵包，採用中種法使麵團香味十足，令人回味。

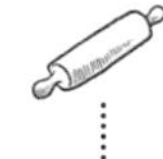

製作方式：中種法
參考數量：8 個
使用模具：烤盤

材料（Ingredients）

中種材料

- 高筋麵粉……250 克
- 細砂糖……62 克
- 鹽……2.5 克
- 酵母……2.5 克
- 全蛋液……30 克
- 牛奶……100 克

主麵團材料

- 中筋麵粉……100 克
- 奶粉……18 克
- 牛奶……50 克
- 無鹽奶油……75 克

製作步驟（Steps）

① 取一份麵團，手掌外側施力，將其搓成水滴形（圖1）。

② 將水滴形麵團擀開，擀成約 30cm 長的倒三角形（圖 2）。

③ 將起始端向兩側橫向左右擀開，使麵團呈「T」字形（圖 3）。

④ 自麵團寬的那一端捲起（圖 4）。

⑤ 捲起後的尖角捏緊，形成牛角造型（圖 5）。

⑥ 全部製作完成後，排列在烤盤上，最後發酵 1 小時左右（圖 6）。

⑦ 在完成發酵的麵包麵團表面刷上蛋黃液，撒少許芝麻，入烤箱烘烤，出烤箱時再刷一層無鹽奶油（圖 7～8）。

烘焙（Baking）

上火 170℃，下火 150℃，中層，15 分鐘；轉上火 150℃，下火 150℃，中層，15 分鐘。

表面裝飾（Decoration）

蛋黃、芝麻、無鹽奶油

準備麵團（Preparation）

中種材料混合均勻，室溫發酵至原體 3～4 倍大（或室溫發酵 1 小時後，冷藏延時發酵 24 小時）⇨ 將發酵好的中種撕碎，混合主麵團材料，後油法揉至光滑（麵團較硬，不需要出膜）⇨ 不需要基礎發酵，直接分割成 8 份 ⇨ 滾圓鬆弛 15 分鐘。

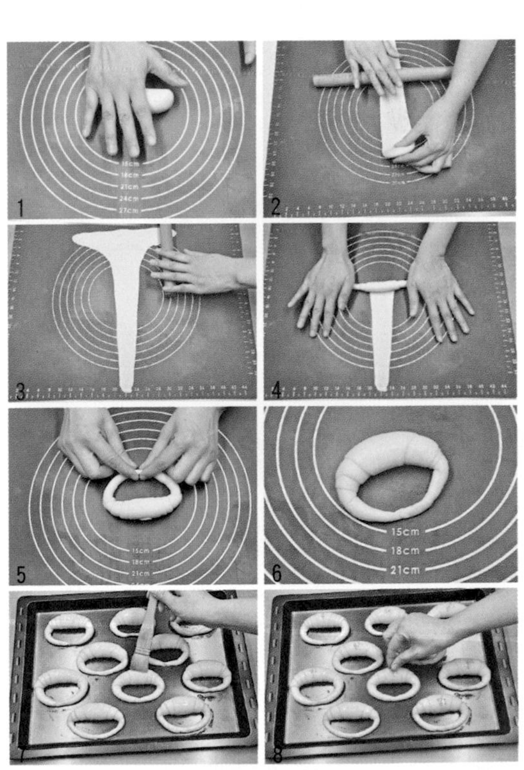

Grape Nut
Sliced Bread

葡萄乾堅果麵包

口感緊實，奶香十足，葡萄乾和核桃恰到好處地提升了口味；表層覆蓋滿滿的濃郁泡芙，呈現華麗風味。

製作方式：直接法
參考數量：1 個
使用模具：烤盤

材料（Ingredients）

高筋麵粉……200 克
低筋麵粉……100 克
細砂糖……60 克
鹽……4 克
酵母……4 克
無鋁泡打粉……2 克
奶粉……23 克
全蛋液……50 克
水……110 克
無鹽奶油……30 克

烘焙（Baking）

上下火，180℃，中層，20 分鐘。

表面裝飾（Decoration）

泡芙麵糊（製作方法參考 P.65 頁）

配料

核桃 50 克（核桃提前烤熟，切小塊）
葡萄乾 50 克（葡萄乾用溫水洗淨，瀝乾）

準備麵團（Preparation）

後油法將麵團揉至光滑 ⇨ 基礎發酵 ⇨ 排氣 ⇨ 滾圓鬆弛 15 分鐘。

製作步驟（Steps）

① 將鬆弛好的麵團擀成長方形大片（圖 1）。

② 均勻地鋪滿核桃和葡萄乾（圖 2）。

③ 自上而下捲起， 放烤盤上鬆弛20分鐘（圖3）。

④ 將準備好的泡芙麵糊裝入裱花袋（使用排花嘴）（圖4）。

⑤ 將泡芙麵糊呈 S 形擠在麵團表面，入烤箱烘烤（圖 5）。

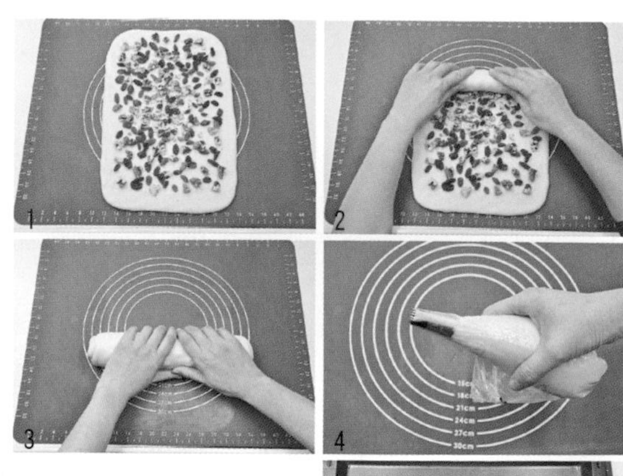

Tips

★ **麵團偏硬，不要用攪拌機的高速擋操作，也不必攪拌至擴展階段，攪至麵團光滑即可。**

Chocolate
Bread
picerie de Paris
Petits magasins 76, rue François Miron
Confiture, Yaourt, Lait Cru, Sardines,
Riz, Beurre
Les bonnes chose qu'on trouve dans les épicerie
Bons souvenirs de Paris
FRANCE
YOGOURT

巧克力盛宴

同時運用了巧克力麵團、巧克力豆豆、黑巧克力塊的一款麵包。放涼的麵包在食用前可回烤箱略烤一下，或蓋上可微波的保鮮蓋微波加熱一下，使內部的巧克力塊變軟，吃起來非常滿足。

材料（Ingredients）

高筋麵粉……240 克
可可粉……13 克
細砂糖……40 克
酵母……3 克
鹽……3 克
全蛋液……40 克
水……130 克
無鹽奶油……20 克

配料

耐烘焙巧克力豆……60 克
黑巧克力塊……12 塊

表面裝飾（Decoration）

雞蛋清（蛋白）

製作步驟（Steps）

① 取一份麵團擀成圓形片，翻面後包入一塊巧克力（圖 1）。

② 捏緊收口，收口向下，均勻排列於烤盤上，蓋保鮮膜，發酵 30 ～ 40 分鐘（圖 2）。

③ 完成發酵後在表面刷上雞蛋清，入烤箱烘烤（圖 3）。

烘焙（Baking）

180℃，上下火，中層，15 分鐘。

準備麵團（Preparation）

後油法將麵團揉至擴展階段 ⇒ 加入耐烘焙巧克力豆，用折疊的方式與麵團混合均勻 ⇒ 基礎發酵 ⇒ 排氣 ⇒ 分割成 12 份 ⇒ 滾圓鬆弛 15 分鐘。

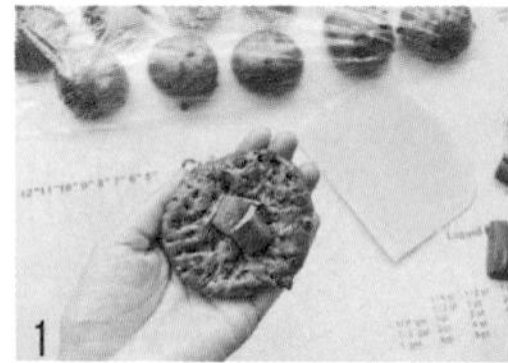
1

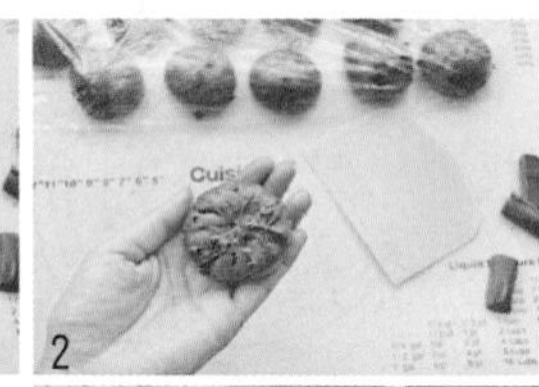
2

3

甜蜜番薯棒

香甜的番薯帶著秋天的幸福味道

材料（Ingredients）

高筋麵粉……200 克
低筋麵粉……50 克
細砂糖……38 克
鹽……2.5 克
酵母……2.5 克
奶粉……7 克
水……130 克
全蛋液……25 克
無鹽奶油……35 克

烘焙（Baking）

上下火，180℃，中層，25 分鐘。

準備麵團（Preparation）

後油法將麵團揉至擴展階段 ⇒ 基礎發酵 ⇒ 排氣 ⇒ 分割成 5 份 ⇒ 滾圓鬆弛 15 分鐘。

Sweet Potato Loaf

製作方式：直接法
參考數量：5 個
使用模具：18cm×6cm 熱狗模

前製項目－番薯餡

材料（Ingredients）

紅心番薯⋯⋯200 克
細砂糖⋯⋯30 克
無鹽奶油⋯⋯30 克

製作步驟（Steps）

① 番薯蒸熟後去皮，加入細砂糖，中火加熱翻炒（圖 1）。

② 翻炒的過程中不斷按壓番薯，直至全部變成薯泥，水分也隨之收乾，此時加入無鹽奶油（圖 2）。

③ 繼續翻炒至無鹽奶油吸收、薯泥成團，盛出備用（圖 3）。

製作步驟（Steps）

① 取一份麵團擀成圓形（圖 1）。

② 翻面後包入一份薯泥（圖 2）。

③ 捏緊收口（圖 3）。

④ 將麵團的收口朝下，擀成橢圓形，長度略大於模具（圖 4）。

⑤ 用刮板縱向劃 5 ～ 6 條開口（圖 5）。

⑥ 雙手捏住兩端，扭成麻花狀（圖 6）。

⑦ 整理好形狀，放入模具，進行最後發酵（圖7）。

⑧ 完成發酵後將另一個模具蓋在表面，入烤箱烘烤（圖 8）。

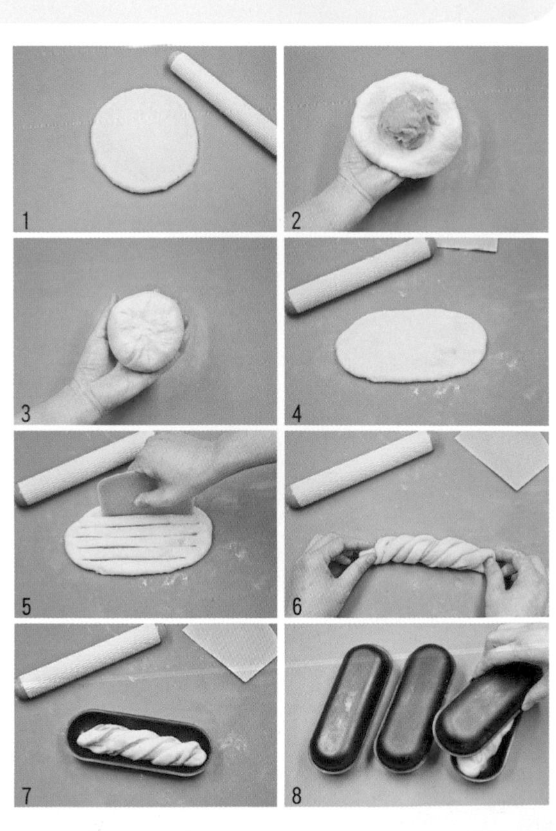

慕斯里麵包

慕斯里麵包其實就是烤成筒狀的布里歐！切片之後做成三明治，再搭配乳酪和水果，奢華的口感更像是甜點！

製作方式：直接法
參考數量：3 個
使用模具：直徑 10cm、高 8cm 的圓柱形模具

材料（Ingredients）

高筋麵粉……90 克
中筋粉……210 克
細砂糖……40 克
酵母……5 克
鹽……3 克
全蛋液……185 克
牛奶……15 克
無鹽奶油……156 克

烘焙（Baking）

上火 160℃，下火 200℃，中層，25 分鐘。

表面裝飾（Decoration）

全蛋液
無鹽奶油
細砂糖

製作步驟（Steps）

① 將原料中所有材料混合（無鹽奶油除外），揉至光滑（圖 1）。

② 分3次加入軟化的無鹽奶油，先用手抓勻，再低速攪拌至吸收。待無鹽奶油完全吸收後改高速攪拌，攪拌至可拉出大片薄膜的狀態（圖2）。

③ 將攪拌好的麵團放入淺盤裡，蓋保鮮膜，冷藏 30 分鐘（圖 3）。

④ 取出冷藏好的麵團，分割成 3 等份（圖 4）。

⑤ 滾圓後蓋保鮮膜，冷藏發酵（圖 5）。

⑥ 低溫冷藏，發酵 12 ～ 24 小時後取出（圖 6）。

⑦ 將麵團取出，雙手按壓排氣，麵團較為濕軟，可使用少量手粉（圖 7）。

⑧ 翻面後將麵團的四周向內折疊。注意要足夠緊實，不要混入多餘的手粉和空氣（圖 8）。

⑨ 翻回正面稍微整理形狀（圖 9）。

⑩ 將整形好的麵團放入塗滿無鹽奶油的圓筒模具中，用手背輕輕壓平，蓋保鮮膜，靜置發酵至原體積 2 倍大（圖 10）。

⑪ 完成發酵後在表面刷全蛋液，並用利刀割十字切口。在切口處擺放適量無鹽奶油並撒滿細砂糖（圖 11）。

⑫ 烤箱提前 20 分鐘預熱 200℃。麵團入烤箱後將上火調至 160℃烘烤，出烤箱後立即脫模放涼（圖 12）。

Doughnut
and Snarling

香酥甜甜圈與甜甜結

用麵包麵團製作的甜甜圈，口感較為鬆軟，沾滿砂糖的樣子看起來很可愛（也可使用赤藻醣醇代替砂糖）。

製作方式：直接法
參考數量：9 個

材料（Ingredients）

高筋麵粉……250 克
細砂糖……50 克
鹽……3.5 克
酵母……4 克
奶粉……10 克
全蛋液……50 克
牛奶……50 克
水……57 克
無鹽奶油……35 克

表面裝飾（Decoration）

細砂糖

準備麵團（Preparation）

後油法將麵團揉至擴展階段 ⇒ 基礎發酵 ⇒ 排氣 ⇒ 分割成 9 份 ⇒ 滾圓鬆弛 15 分鐘。

製作步驟（Steps）

甜甜圈的做法

① 取一份麵團擀成橢圓形（圖 1）。

② 翻面後橫向放置，壓薄底邊（圖 2）。

③ 自上而下捲起（圖 3）。

④ 捏緊收口（圖 4）。

⑤ 打開其中一端（圖 5）。

⑥ 用擀麵棍的一頭擀開（圖 6）。

⑦ 用打開的一端包裹住另一端（圖 7）。

⑧ 捏緊收口（圖 8）。

⑨ 整理形狀。將甜甜圈套在拇指上，輕輕拉扯（圖9）。

⑩ 收口朝下，放在剪開的烘焙紙上進行最後發酵（圖10）。

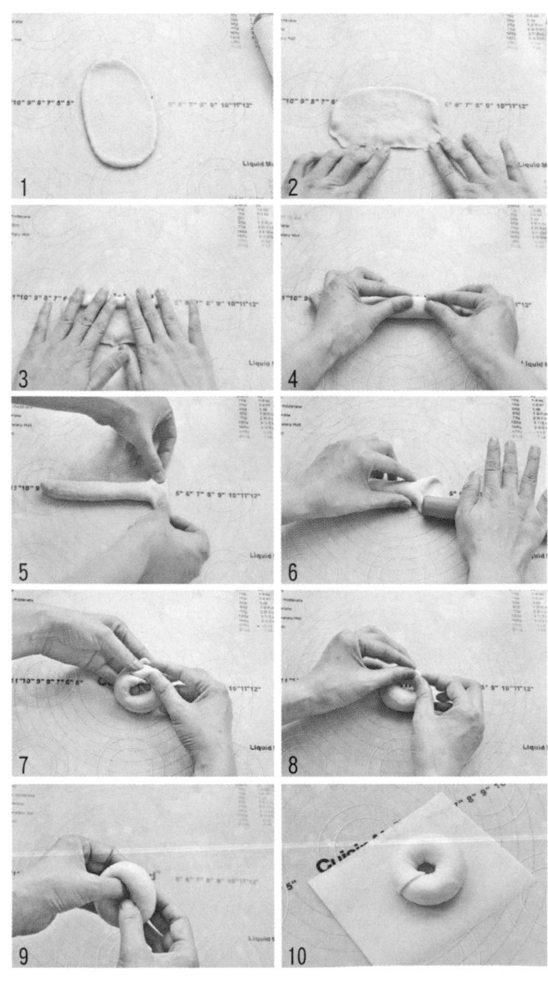

甜甜結的做法

① 按甜甜圈前4步驟的做法，先將麵團整形成長條形，兩手按往兩端略施力，輕輕搓長（圖11）。

② 形成兩端尖、中間粗的長條形（圖 12）。

③ 左右手配合，向相反的方向搓（圖 13）。

④ 提起麵團兩端，自然擰成麻花狀（圖 14）。

⑤ 將收尾處捏緊，置於剪開的烘焙紙上進行最後發酵（圖 15）。

⑥ 依次做好所有的甜甜圈和甜甜結，蓋保鮮膜，最後發酵約40分鐘（圖16）。

最後共同步驟

① 油溫升至 170℃左右時，依次將完成發酵的麵團小心放入油鍋（圖 17）。

② 開中火保持油溫（注意溫度不可太高，否則表面會上色過度）。炸的過程要不停翻面，確保形狀和上色均勻（圖 18）。

③ 將炸好的麵包置於吸油紙上，晾至微溫（圖 19）。

④ 食用前，沾上細砂糖（也可在細砂糖中混入少許肉桂粉）（圖 20）。

 Tips

★ 在製作數量較多的麵團時，無論是滾圓、整形還是最後的油炸，都一定要記好先後順序，每次都從最先製作的那一個開始，確保每個麵團的鬆弛時間是一致的。

★ 油炸時一定要不停翻面，否則當接觸熱油的一面結皮後，內部高溫氣體會撐起表皮，形成鼓包。

鹹麵包
Salty Bread

每天都可以吃的佐餐鹹麵包！

Sandwich

材料（Ingredients）
高筋麵粉……250 克
細砂糖……30 克
鹽……3 克
酵母……3 克
全蛋液……30 克
水……135 克
無鹽奶油……25 克

表面裝飾（Decoration）
全蛋液

準備麵團（Preparation）
後油法將麵團揉至擴展階段 ⇒ 基礎發酵 ⇒ 排氣 ⇒ 分割成 6 份 ⇒ 滾圓鬆弛 15 分鐘。

百變夾心麵包

最簡單的整形方式，卻存在最大的可能性。將一個橢圓形的麵包片一分為二，就可以做成三明治、果醬麵包、肉鬆麵包……

製作方式：直接法
參考數量：6 個
使用模具：烤盤

Tips

★ **出爐後的麵包片橫向對半切開，內側塗抹沙拉醬，夾入肉鬆，即成美味的肉鬆麵包。也能塗抹果醬、花生醬或用來製作三明治，隨心所欲地搭配吧。**

烘焙（Baking）

上下火，180℃，中層，18 分鐘。

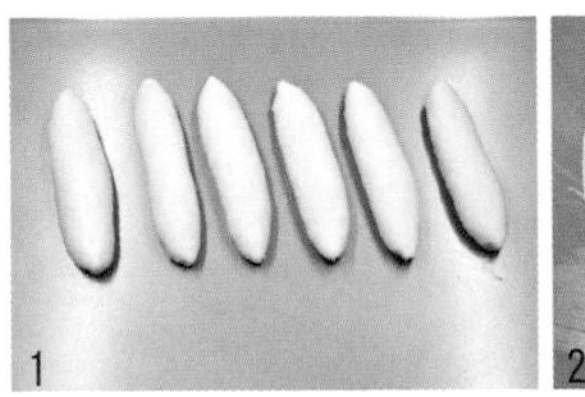
1

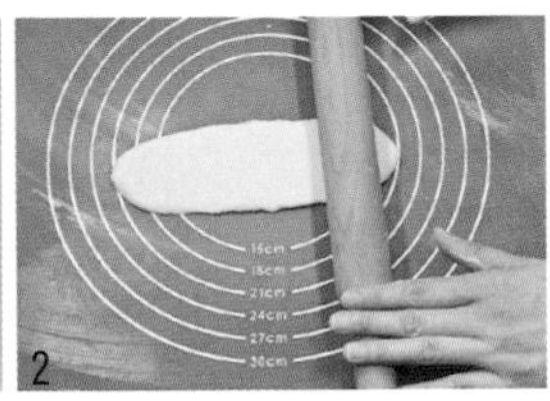
2

製作步驟（Steps）

① 取一份鬆弛好的麵團，擀成橢圓形，翻面後橫向放置，壓薄底邊，自上而下捲起，捏緊收口（圖 1）。

② 將整形好的麵團收口向下，擀成約 15cm 長的橢圓形，排列在烤盤上進行最後發酵。完成發酵後刷全蛋液，入烤箱烘烤（圖 2）。

Gratin Bread

歐風焗烤白醬麵包

用起司和奶油白醬焗烤的小麵包，是不是有點像迷你披薩！

製作方式：直接法
參考數量：4 個
使用模具：烤盤

前製項目－奶油白醬

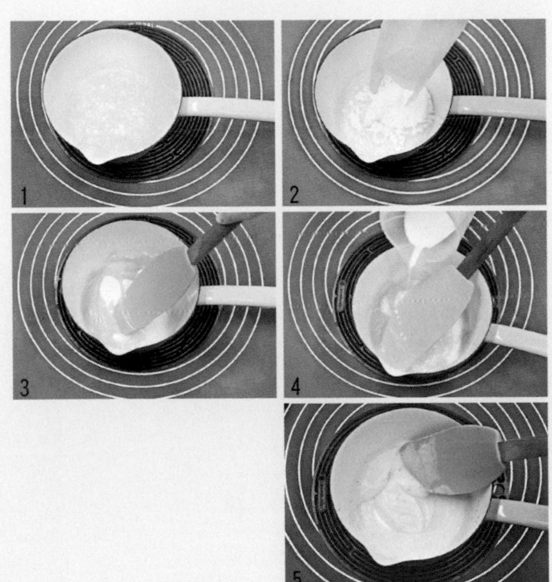

材料（Ingredients）

無鹽奶油……15 克
麵粉……10 克
牛奶……105 克
鹽……2 克
黑胡椒……適量

製作步驟（Steps）

① 無鹽奶油入小鍋中，置小火上加熱，使無鹽奶油化開（圖 1）。

② 加入麵粉拌勻（圖 2～3）。

③ 少量多次地加入牛奶，攪拌均勻（圖 4）。

④ 小火加熱並不停攪拌至變得略濃稠，加入鹽和黑胡椒調味（圖 5）。

材料 (Ingredients)

高筋麵粉……250 克
細砂糖……20 克
鹽……3.5 克
酵母……3.5 克
全蛋液……12 克
水……145 克
無鹽奶油……20 克

烘焙 (Baking)

上下火，200℃，中層，15 ～ 18 分鐘。

準備麵團 (Preparation)

後油法將麵團揉至擴展階段 ⇒ 基礎發酵 ⇒ 排氣 ⇒ 分割成 6 等份，其中 2 份再分為 2 等份 ⇒ 滾圓鬆弛 15 分鐘。

表面裝飾 (Decoration)

鴻喜菇……40 克
火腿……1 片
洋蔥……1/4 顆
莫札瑞拉起司……40 克

鴻喜菇用滾水汆燙至熟，撈出瀝水，備用。洋蔥切絲，用少許無鹽奶油炒至熟。火腿切小片，乳酪提前放置冷藏室回溫至柔軟。

製作步驟 (Steps)

① 取一份大麵團，擀成直徑12cm的圓片(圖 1)。

② 取小麵團先整形成長條，再搓長至 40cm 左右(圖 2)。

③ 將長條形的麵團兩端對接(圖 3)。

④ 扭成一個 8 字並適當拉大(圖 4)。

⑤ 置於麵餅上，輕輕壓緊當成圍邊，蓋保鮮膜進行最後發酵(圖 5)。

⑥ 完成發酵後在餅皮用叉子戳洞(圖 6)。

⑦ 依次將奶油白醬、鴻喜菇、洋蔥(炒香)、火腿(切小塊)、莫札瑞拉起司擺在表面，邊緣部分刷全蛋液，入烤箱烘烤(圖 7)。

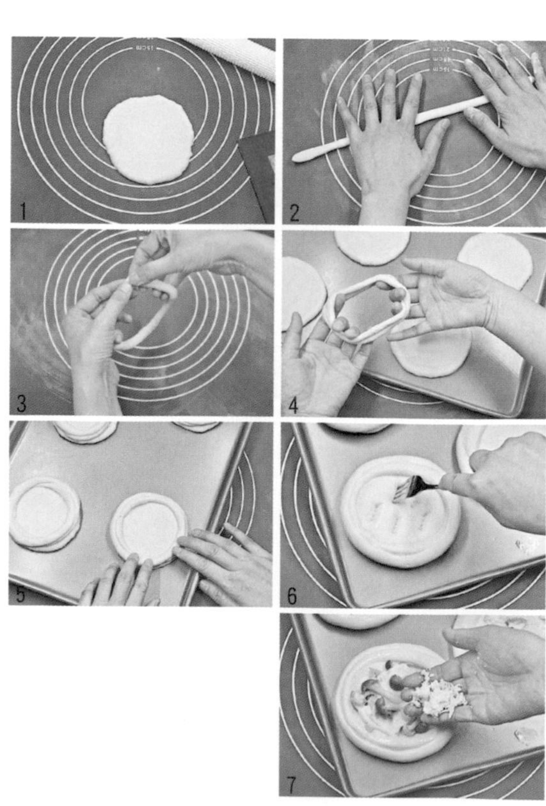

酥炸咖哩麵包
Crispy Fried Curry Bread

酥炸咖哩麵包

把濃郁的咖哩包進香酥金黃的麵包裡，好滿足！

製作方式：直接法

參考數量：9 個

前製項目－咖哩餡

材料（Ingredients）

肉餡……150 克
蒜……1 瓣
薑…… 1 片
芹菜……1 根
番茄……半顆
淡奶油……15 克
水……80 克
咖哩……適量
番茄醬……20 克
糖……5 克
鹽……3.5 克
黑胡椒……適量

製作步驟（Steps）

① 準備好所有材料（圖1）。

② 番茄切小塊，芹菜切丁，薑、蒜切碎（圖2）。

③ 鍋中入少許油加熱，加入薑、蒜末拌炒（圖3）。

④ 倒入肉末翻炒至熟（圖4）。

⑤ 加入芹菜、番茄丁翻炒（圖5）。

⑥ 加入所有調味料（圖6）。

⑦ 加入水翻炒（圖7）。

⑧ 直至水分蒸發，變得濃稠（圖8）。

⑨ 盛出，置平盤上放涼，備用（圖9）。

材料（Ingredients）

高筋麵粉……250 克
細砂糖……20 克
鹽……4 克
酵母……3 克
乾燥歐芹……5 克
全蛋液……20 克
水……138 克
無鹽奶油……15 克

準備麵團（Preparation）

後油法將麵團揉至擴展階段 ⇒ 基礎發酵 ⇒ 排氣 ⇒ 分割成 9 份 ⇒ 滾圓鬆弛 15 分鐘。

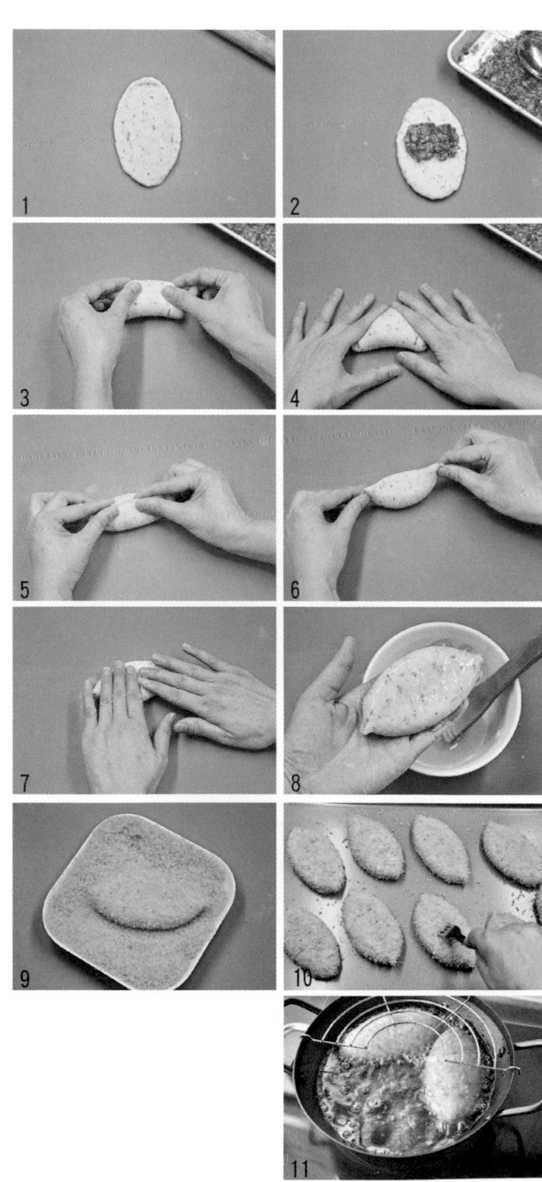

配料

全蛋液
麵包糠
食用油

製作步驟（Steps）

① 取一份鬆弛好的麵團，成橢圓形（圖1）。

② 翻面，在中間放一份咖哩餡（圖2）。

③ 如圖所示，像包餃子一樣將麵皮對折並捏緊收口（圖3～5）。

④ 反轉，底部朝上（圖6）。

⑤ 輕輕按壓，形成梭形（圖7）。

⑥ 表面刷全蛋液，並裹滿麵包粉（圖8～9）。

⑦ 全部製作完成後靜置發酵20分鐘，用叉子在表面戳洞（防止油炸時爆裂）（圖10）。

⑧ 放入170℃的油鍋中，將兩面炸至金黃色，取出瀝油，放涼（圖11）。

Crab Stick Pork Floss Bread

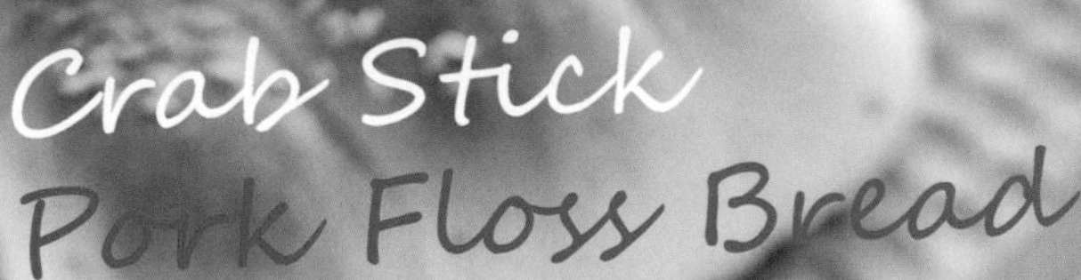

蟹棒肉鬆麵包

製作方式：直接法
參考數量：6 個
使用模具：烤盤

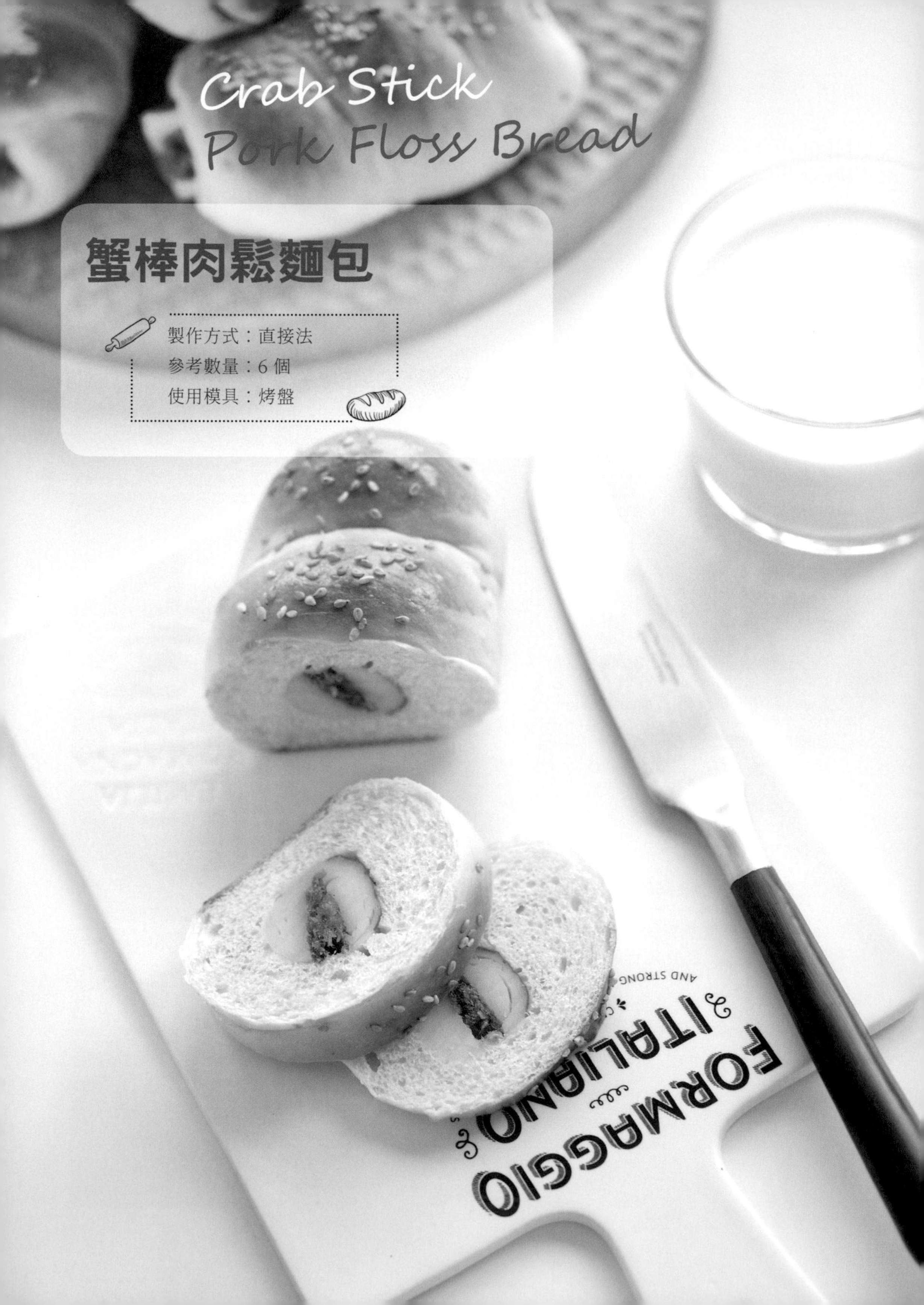

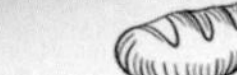

材料（Ingredients）
高筋麵粉……250 克
細砂糖……30 克
鹽……4 克
酵母……4 克
全蛋液……30 克
水……135 克
無鹽奶油……25 克

烘焙（Baking）
上下火，180℃，中層，20 分鐘。

準備麵團（Preparation）
後油法將麵團揉至擴展階段 ⇨ 基礎發酵 ⇨ 排氣 ⇨ 分割成 6 份 ⇨ 滾圓鬆弛 15 分鐘。

配料
蟹肉棒……6 條
肉鬆……適量

表面裝飾 （Decoration）
全蛋液
白芝麻

製作步驟（Steps）

① 先將蟹足棒縱向剖開（不完全切斷），中間夾入肉鬆，備用（圖1～3）。

② 取一份麵團擀成橢圓形，翻面後橫向放置，壓薄底邊（圖4）。

③ 自上而下捲起，捏緊收口（圖5～6）。

④ 搓成40cm左右的長條（圖7）。

⑤ 將條形麵團纏繞包裹住蟹肉棒，注意起始端和末端要壓住，以免發酵過程中散開。全部整形完成後，排列在烤盤上進行最後發酵（圖8～10）。

⑥ 最後發酵至原體積2倍大（約40分鐘），刷上全蛋液、撒上白芝麻，入烤箱烘烤（圖 11）。

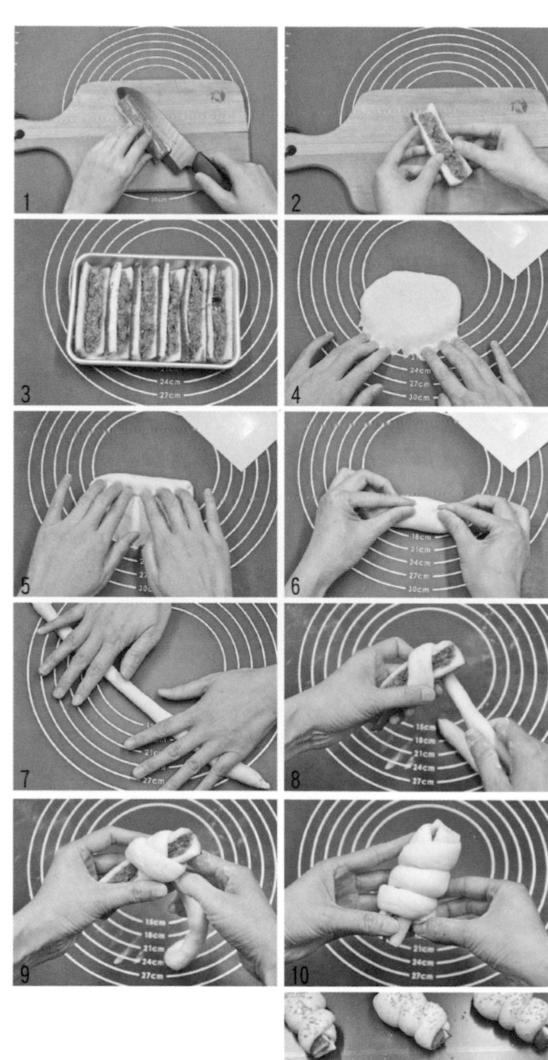

Tips

★ **只要選用優質蟹肉棒，吃起來會很有彈性且鮮味十足，配以肉鬆更加提升口感，是一款味道清新的鹹麵包。肉鬆也可以換成鮪魚。**

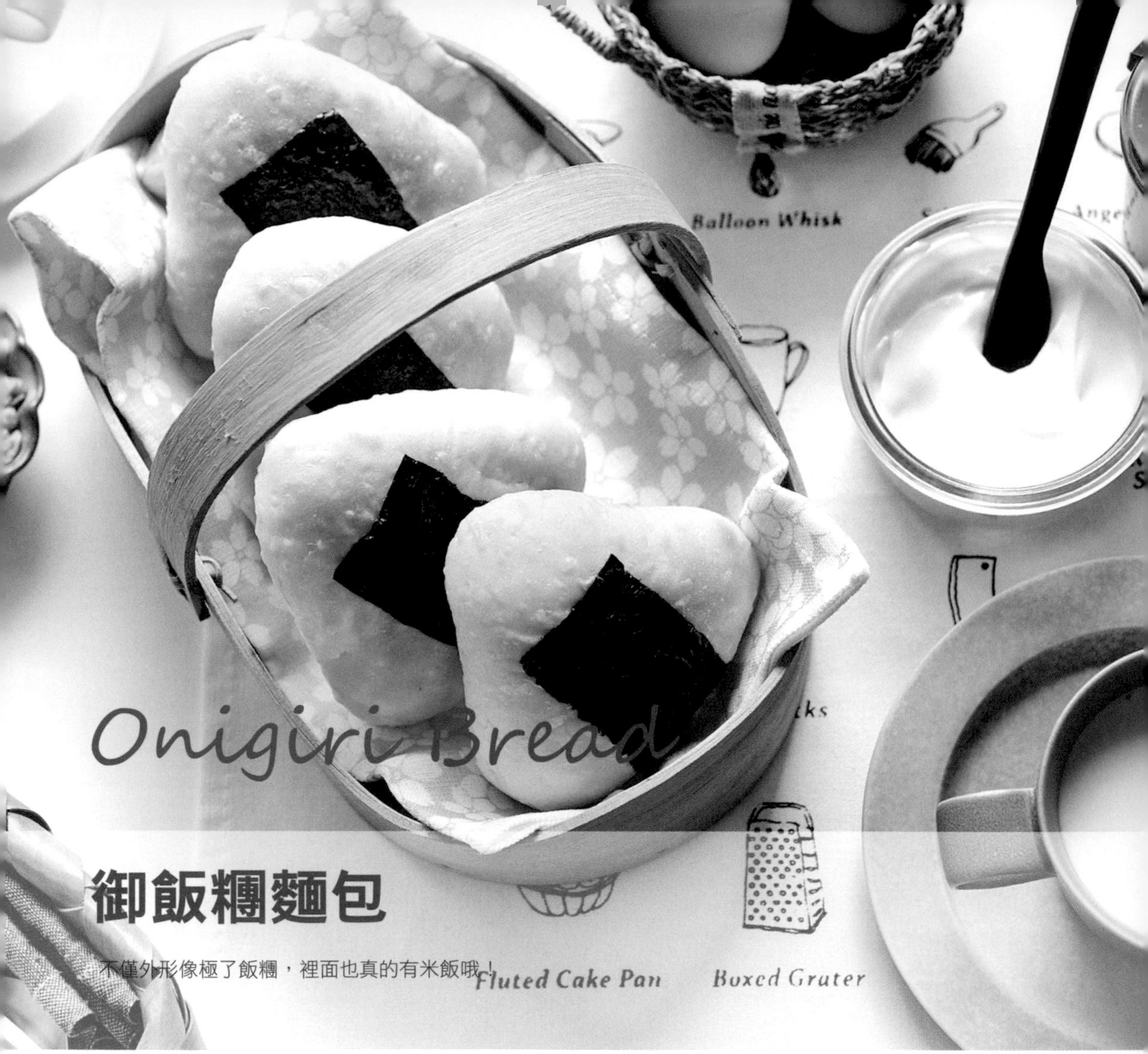

Onigiri Bread

御飯糰麵包

不僅外形像極了飯糰，裡面也真的有米飯哦！

Fluted Cake Pan　Boxed Grater

材料（Ingredients）

高筋麵粉……200 克
冷米飯……100 克
細砂糖……15 克
鹽……2.5 克
酵母……3.7 克
水……137 克
無鹽奶油……20 克

表面裝飾（Decoration）

海苔片

製作方式：直接法
參考數量：8 個
使用模具：烤盤

烘焙（Baking）

上下火，180℃，中層，18 分鐘。

準備麵團（Preparation）

後油法將麵團揉至擴展階段 ⇒ 基礎發酵 ⇒ 排氣 ⇒ 分割成 8 等份 ⇒ 滾圓鬆弛 15 分鐘。

製作步驟(Steps)

① 取一份鬆弛好的麵團擀成圓形，翻面後放上一匙米飯。(圖 1)

② 依圖示將麵團的三邊往中心摺，整成三角形狀，捏緊收口。(圖 2～4)

③ 在海苔表面刷上蛋液。(圖 5)

④ 將海苔包在整好形的麵團上(注意海苔的下端貼到麵團底部中間位置就好，不要過份壓摺，否則麵包膨脹後貼海苔的部份會凹陷，影響外觀)，最後發酵完成後入烤箱烘烤即完成。(圖 6)

前製項目－米飯餡

材料(Ingredients)

無鹽奶油……10 克
大蒜……1 瓣
洋蔥……30 克
培根……3 片
冷米飯……65 克
番茄醬……2 大匙
鹽……1/2 小匙
黑胡椒……少許
醋……1 小匙
水……100 克

製作步驟(Steps)

① 將洋蔥、大蒜、培根切末(圖 1)。

② 小鍋加入無鹽奶油，中火加熱，放入大蒜和洋蔥末炒出香味(圖2)。

③ 加入培根拌炒(圖 3)。

④ 加入米飯炒勻(圖 4)。

⑤ 加入番茄醬及所有調味料翻炒(圖 5)。

⑥ 倒入水翻炒(圖 6)。

⑦ 炒至水分蒸發、餡料變得濃稠，放涼備用(圖 7)。

Bonito Flake Ball

材料（Ingredients）

高筋麵粉……250 克
細砂糖……20 克
鹽……5 克
酵母……3 克
奶粉……5 克
水……162 克
無鹽奶油……25 克
火腿……40 克

餡料

馬鈴薯……100 克
玉米和青豆（煮熟）……60 克
沙拉醬……35 克
鹽、黑胡椒……適量

馬鈴薯切塊煮熟後壓成泥，加入青豆、甜玉米、沙拉醬、鹽和黑胡椒，攪拌均勻。

表面裝飾 （Decoration）

全蛋液、沙拉醬、柴魚片、海苔末

烘焙（Baking）

200℃，上下火，中層，15 分鐘。

準備麵團（Preparation）

後油法將麵團揉至擴展階段，在結束攪拌前加入切碎的火腿，混合均勻 ⇒ 基礎發酵 ⇒ 排氣 ⇒ 分割成 25 克／個 ⇒ 滾圓鬆弛 15 分鐘。

柴魚小丸子

柴魚片多用於日本料理，煮湯或撒在菜餚上面，烘焙時也常用於裝飾或內餡。這次以麵團包裹豐富的馬鈴薯沙拉和鮮美柴魚片。小小的球形麵包是小朋友的最愛。

製作方式：直接法
參考數量：20 個
使用模具：12 連馬芬烤盤

製作步驟（Steps）

① 鬆弛好的麵團擀成圓形（圖 1）。

② 包入餡料，捏緊收口（圖 2）。

③ 收口向下，擺入馬芬蛋糕模（或紙杯）中，蓋保鮮膜進行最後發酵（圖 3）。

④ 完成發酵後在表面刷全蛋液，入烤箱烘烤（圖 4）。

⑤ 出烤箱放涼，密封保存。食用前塗沙拉醬（圖 5）。

⑥ 表面沾滿柴魚片和海苔碎片（圖 6）。

Tips

★ **柴魚片是用鰹魚製成的。在日本，鰹魚經特殊工藝煮熟剔刺後，反覆煙燻，煙燻後的鰹魚堅硬如木塊，故稱之為柴魚。**

Sausage Roll

香腸捲捲包

試著把孩子愛吃的小香腸捲進麵包裡吧！迷你又可愛的麵包一定能獲得孩子喜愛。

製作方式：直接法
參考數量：16 個
使用模具：烤盤

材料（Ingredients）

高筋麵粉……250 克
細砂糖……40 克
鹽……2.5 克
酵母……2.5 克
奶粉……10 克
全蛋液……29 克
水……130 克
無鹽奶油……25 克
鑫鑫腸……16 根

烘焙（Baking）

上下火，180℃，中層，20 分鐘。

表面裝飾（Decoration）

全蛋液
沙拉醬

準備麵團（Preparation）

後油法將麵團揉至擴展階段 ⇨ 基礎發酵 ⇨ 排氣 ⇨ 分割成 30 克／個 ⇨ 滾圓鬆弛 15 分鐘。

製作步驟（Steps）

① 取一份鬆弛好的麵團搓成水滴狀（圖1）。

② 一邊拉長一邊擀開，使麵團呈現長35cm左右的倒三角形，最寬處要略短於香腸的長度（圖2）。

③ 在寬的一端放一根香腸，撒上現磨黑胡椒（圖3）。

④ 自上而下捲起，捏緊收口，收口向下排列在烤盤上，最後發酵約40分鐘（圖4）。

⑤ 完成發酵後表面刷上全蛋液，用剪刀剪出一開口（圖5）。

⑥ 在開口處擠上少許沙拉醬，入烤箱烘烤（圖6）。

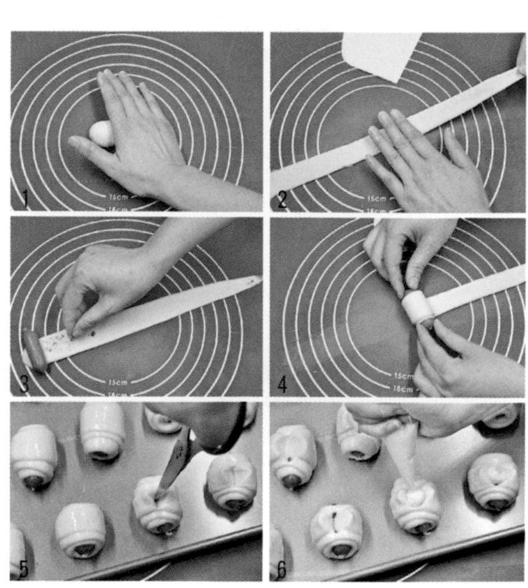

Shallot Cheese
and Pork Floss
Bread

香蔥起司肉鬆

製作方式：中種法
參考數量：6 個
使用模具：18cm×6cm 熱狗模

烘焙（Baking）

上火 220℃，下火 180℃，中層，12 分鐘。

材料（Ingredients）

中種材料

高筋麵粉……125 克
低筋麵粉……50 克
細砂糖……13 克
酵母……3 克
全蛋液……18 克
水……82 克

主麵團材料

高筋麵粉……75 克
鹽……3 克
細砂糖……25 克
水……55 克
無鹽奶油……30 克

配料及表面裝飾（Decoration）

肉鬆
全蛋液
沙拉醬
莫札瑞拉起司
香蔥末
白芝麻

準備麵團（Preparation）

中種材料混合均匀，室溫發酵至原體積 3 ～ 4 倍大（或室溫發酵 1 小時後，冷藏延時發酵 24 小時）⇨ 將發酵好的中種材料撕碎，混合主麵團材料，後油法揉至擴展階段 ⇨ 基礎發酵 ⇨ 排氣 ⇨ 分割成 6 份 ⇨ 滾圓鬆弛 15 分鐘。

製作步驟（Steps）

① 取一份麵團擀開，翻面後鋪滿肉鬆，壓薄底邊（圖 1）。

② 自上而下捲起（圖 2 ～ 3）。

③ 捏緊收口（圖 4）。

④ 雙手揉搓使其均勻（圖 5）。

⑤ 整形好的麵團可置於熱狗模或烘焙紙上，最後發酵至原體積 2 倍大，表面刷全蛋液，擠上「之」字形沙拉醬，撒上白芝麻、香蔥末和乳酪絲，入烤箱烘烤（圖 6）。

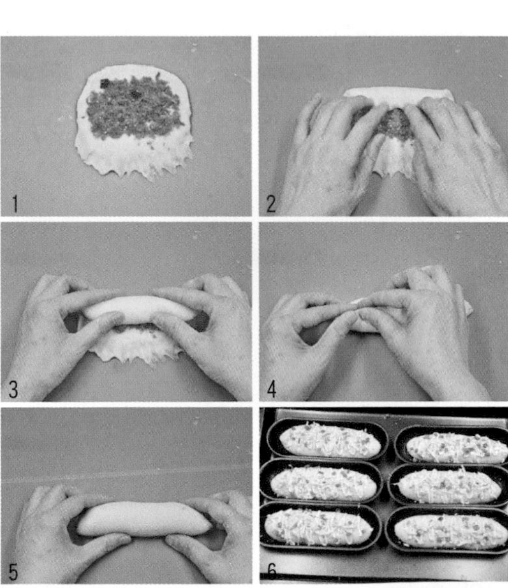

Bacon Bread

秋日培根麥穗

製作方式：直接法
參考數量：4 個
使用模具：烤盤

材料（Ingredients）

高筋麵粉……250 克
細砂糖……30 克
鹽……4 克
酵母……4 克
全蛋液……30 克
水……135 克
無鹽奶油……25 克

配料

培根……4 片
現磨黑胡椒……適量

烘焙（Baking）

上下火，180℃，中層，18 分鐘。

準備麵團（Preparation）

後油法將麵團揉至擴展階段 ⇨ 基礎發酵 ⇨ 排氣 ⇨ 分割成 4 份 ⇨ 滾圓鬆弛 15 分鐘。

製作步驟（Steps）

① 取一份麵團擀成橢圓形，長度相當於一片培根，翻面後橫向放置，壓薄底邊（圖 1）。

② 放一片培根，撒上少許綜合香料（或是黑胡椒等）（圖 2）。

③ 自上而下捲起（圖 3）。

④ 捏緊收口和兩端，排列在烤盤上進行最後發酵（圖 4）。

⑤ 最後發酵至原體積 2 倍大（約 40 分鐘），刷全蛋液，用剪刀呈 30 度角剪出麥穗狀。注意不要完全剪斷，每剪一次順勢將麵片移到左右兩側，呈對稱形排列，全部整形後入烤箱烘烤（圖 5）。

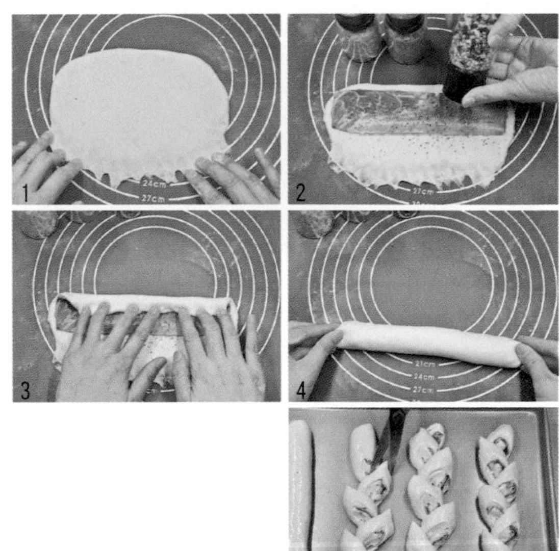

法式鮪魚麵包

將鮪魚沙拉包入類似餡餅的麵包裡，鹹香口感令人滿足。中種全麥麵團使麵包始終保持柔軟，是早餐的最佳選擇。

材料（Ingredients）

中種材料

- 高筋麵粉……150 克
- 全麥麵粉…… 20 克
- 水……110 克
- 酵母……1.5 克

主麵團材料

- 高筋麵粉……80 克
- 細砂糖……20 克
- 酵母……1.5 克
- 鹽……3 克
- 水……52 克
- 無鹽奶油……15 克

烘焙（Baking）

180℃，上下火，中層，18 分鐘。

表面裝飾（Decoration）

歐芹末

準備麵團（Preparation）

中種材料混合均勻，室溫發酵至原體積 3～4 倍大（或室溫發酵 1 小時後，冷藏延時發酵 24 小時）⇒ 將發酵好的中種材料撕碎，混合主麵團材料，後油法揉至擴展階段 ⇒ 基礎發酵 ⇒ 排氣 ⇒ 分割成 12 份 ⇒ 滾圓鬆弛 15 分鐘。

製作方式：中種法
參考數量：12 個
使用模具：烤盤

鮪魚沙拉餡

材料（Ingredients）

鮪魚罐頭……150 克
洋蔥……40 克
沙拉醬…… 3 大匙
鹽和黑胡椒……少許

製作步驟（Steps）

① 鮪魚罐頭瀝油，備用（圖 1）。

② 洋蔥切小丁，用少許橄欖油翻炒至半透明狀（圖 2）。

③ 將炒好的洋蔥加入鮪魚中，加 3 大匙沙拉醬，調入少許海鹽和現磨黑胡椒（圖 3）。

④ 混合均勻，備用（圖 4）。

Tips

★ 可以根據喜好加入一些甜玉米粒。鮪魚沙拉不僅可以作為麵包餡料，還可用來製作三明治。

製作步驟（Steps）

① 取一份麵團擀成圓形（圖 1）。

② 包入鮪魚沙拉（圖 2）。

③ 捏緊收口（圖 3）。

④ 將麵團收口朝下排列在烤盤上，蓋保鮮膜，靜置 30 ～ 40 分鐘進行最後發酵（圖 4）。

⑤ 完成發酵後表面噴水，裝飾少量歐芹（圖 5）。

⑥ 在麵團上蓋一層烘焙紙，壓上一個平底烤盤，入烤箱烘烤（圖 6）。

製作步驟（Steps）

① 大蒜去皮洗淨，切成碎末；無鹽奶油切塊，備用（圖1）。

② 蒜末中加入 15 克無鹽奶油、一茶匙清水，小火翻炒（圖 2 ～ 3）。

③ 炒至蒜末呈淺金黃色，加入剩餘無鹽奶油炒至融化，離火（圖 4 ～ 5）。

④ 將炒好的蒜末過濾（圖 6）。

⑤ 將過濾好的蒜末、蒜香無鹽奶油 20 克（其餘留下備用），和麵團其他材料混合攪拌至擴展階段，基礎發酵至 2 倍大（圖 7）。

⑥ 取出發酵好的麵團，排氣後分割成50克／個，鬆弛15分鐘（圖8）。

⑦ 將麵團整形成長約 25cm 的長條形（圖 9 ～ 13）。

⑧ 依圖所示，將長條形麵團打結，全部整形。完成後排列在烤盤，最後發酵至原體積 2 倍大，入烤箱烘烤（圖 14 ～ 18）。

⑨ 中途 6 分鐘左右時取出，刷一次蒜香無鹽奶油。最後烤好取出烤箱後再刷一次無鹽奶油即完成（圖 19）。

風味蒜香結

你想像不到，大蒜也能有如此迷人的香氣！
你看不到它，卻能感受到它的味道。

製作方式：直接法
參考數量：9 個
使用模具：烤盤

材料（Ingredients）

高筋麵粉……300 克
酵母……4.5 克
鹽……4 克
水……185 克
大蒜……40 克
無鹽奶油……60 克

烘焙（Baking）

上下火，250℃，中層，13～15 分鐘。

Shallot Bread

前製項目－香蔥餡

材料（Ingredients）

蛋白……20 克
橄欖油……20 克
鹽……1.5 克
白胡椒粉…… 0.5 克
青葱……120 克

製作步驟（Steps）

① 青蔥洗淨瀝乾，切成蔥花，備用（圖1）。

② 將蛋白、橄欖油、鹽和白胡椒混合均勻（圖2）。

③ 將混合好的液體材料倒入香蔥末中，混合均勻即可（圖3～4）。

Tips

★ 一定要在入烤箱前再拌好香蔥餡，過早混合容易使青蔥脫水。

青青香蔥麵包

製作方式：中種法
參考數量：8 個
使用模具：烤盤

材料（Ingredients）

中種材料	主麵團材料
高筋麵粉……125 克	高筋麵粉……75 克
低筋麵粉……50 克	鹽……3 克
細砂糖……13 克	細砂糖……25 克
酵母……3 克	水……55 克
全蛋液……18 克	無鹽奶油……30 克
水……82 克	

表面裝飾（Decoration）

全蛋液

烘焙（Baking）

上火 220℃，下火 180℃，中層 12 分鐘。

準備麵團（Preparation）

中種材料混合均勻，室溫發酵 3～4 倍大（或室溫發酵 1 小時後，冷藏延時發酵 24 小時）⇨ 將發酵好的中種材料撕碎，混合主麵團材料，後油法揉至擴展階段 ⇨ 基礎發酵 ⇨ 排氣 ⇨ 分割成 8 份 ⇨ 滾圓鬆弛 15 分鐘。

製作步驟（Steps）

① 將麵團整形成橄欖形，並在中間縱向割開，蓋保鮮膜進行最後發酵（圖1）。

② 完成發酵後刷全蛋液。把拌勻的香蔥餡鋪滿麵團，入烤箱烘烤（圖2）。

1

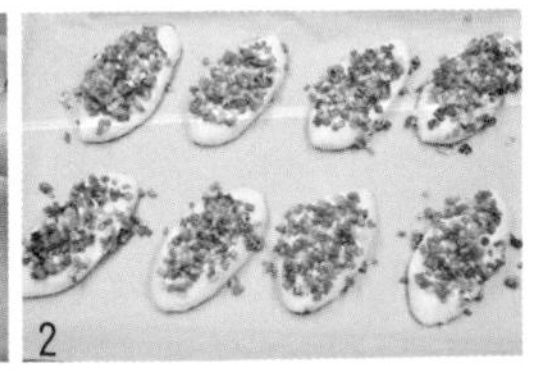

2

Wholewheat
Pocket Bread

全麥口袋麵包

簡單方便的口袋麵包，可以用來裝入各種喜歡的食材，變化性很強。

製作方式：直接法
參考數量：4 個
使用模具：烤盤

材料（Ingredients）

高筋麵粉……140 克
全麥麵粉……10 克
細砂糖……8 克
鹽……3 克
酵母……3 克
水……105 克
橄欖油……6 克

烘焙（Baking）

上下火，250℃，中層，3 分鐘。需提前 20 分鐘左右將烤盤置於烤箱中，一同預熱。

準備麵團（Preparation）

將麵團所有原料混合攪拌至擴展階段⇒基礎發酵 ⇒ 排氣 ⇒ 分割成 4 份 ⇒ 滾圓鬆弛 20 分鐘。

製作步驟 （Steps）

① 取出發酵好的麵團，排氣後分割成4等份，滾圓鬆弛20分鐘（圖1）。

② 將鬆弛好的麵團擀成約18cm長的橢圓形，厚度約為0.4cm（圖2）。

③ 取出加熱的烤盤，直接把擀好的麵團排在烤盤上，立即放入烤箱（圖3）。

④ 大約烤至2分鐘時，麵團會鼓起，待麵團完全鼓起後1分鐘立即出爐，放至平網盤上。食用前從中間對切，夾入食材即可（圖4）。

Tips

★ **只需要一次基礎發酵的口袋麵包，製作起來非常省時。如果要當成早餐，可將麵團基礎發酵後冷藏，次日早晨進行後面的操作即可。要記得提前預熱烤箱和烤盤，使其達到烤箱最高溫度；麵團鬆弛的時間要足夠，這樣才能確保擀開後的麵團置於滾燙的烤盤上時，不會回縮。**

Hamburger

漢堡麵包

無論漢堡要做成什麼口味，漢堡麵包都是不可或缺的基本存在。清淡的口味是為了突出搭配的食材，鬆軟又適度韌性的口感，是市售漢堡所不能及的。麵包出爐後放涼，橫向剖開即可搭配火腿、乳酪片、蔬菜、煎蛋及各種醬料一起享用。

製作方式：直接法
參考數量：6 個
使用模具：圓形漢堡模

材料（Ingredients）

高筋麵粉……230 克
低筋麵粉……20 克
細砂糖……32 克
鹽……3 克
酵母……3 克
全蛋液……28 克
水……128 克
無鹽奶油……25 克

準備麵團（Preparation）

後油法將麵團揉至擴展階段 ⇨ 基礎發酵 ⇨ 排氣 ⇨ 分割成 6 份 ⇨ 滾圓鬆弛 15 分鐘。

表面裝飾（Decoration）

全蛋液
白芝麻

烘焙（Baking）

上下火，190℃，中層，
18～20 分鐘。

製作步驟（Steps）

① 鬆弛好的麵團再次滾圓（圖 1）。

② 再略微壓扁（也可置於模具或紙杯中），進行最後發酵（圖 2）。

③ 待麵團最後發酵 2 倍大小時，表面刷全蛋液、撒上芝麻，入烤箱烘烤（圖 3）。

Tips

★ 整形時，滾圓後底部的收口要置於中心位置，這樣麵包發酵後才不會變形。

材料（Ingredients）

液種材料

- 高筋麵粉……125 克
- 細砂糖……20 克
- 酵母……3 克
- 奶粉……5 克
- 全蛋液……50 克
- 水……93 克

主麵團材料

- 高筋麵粉……115 克
- 匈牙利甜椒粉……8 ～ 10 克
- 鹽……3 克
- 水……15 克
- 無鹽奶油……20 克

配料

雞腿、生菜、番茄
沙拉醬
紐奧良烤雞醃料（市售）
酸黃瓜（1 條，切碎後拌入沙拉醬）

烘焙（Baking）

210℃，上下火，中層，13～15分鐘。

紐奧良烤雞堡

匈牙利甜椒粉味道溫和、微甜，富含維生素 C、B 群及胡蘿蔔素，也是製作紐奧良烤雞的主要調味料之一。

製作方式：液種法
參考數量：6 個
使用模具：圓形漢堡模

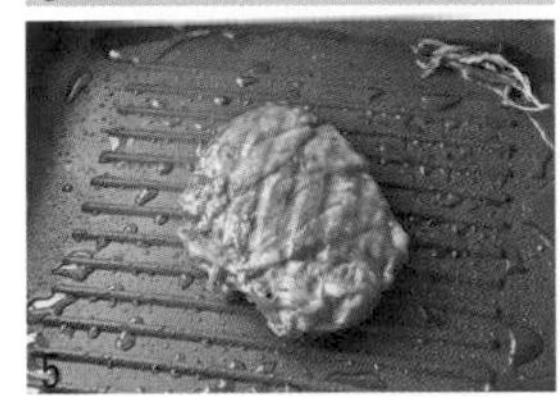

準備麵團 (Preparation)

液種材料混合均勻，室溫發酵至原體積 4 倍大，至中間略有塌陷（或室溫發酵 1 小時後，冷藏延時發酵 24 小時）⇨ 將發酵好的液種材料混合主麵團材料，後油法揉至擴展階段 ⇨ 基礎發酵 ⇨ 排氣 ⇨ 分割成 6 份 ⇨ 滾圓鬆弛 15 分鐘。

（漢堡的製作方法參考 P.141 頁。）

製作步驟 (Steps)

① 雞腿去骨（圖 1~3）。

② 用醃料將雞腿醃製入味，冷藏過夜（圖 4）。

③ 煎或烤至表面金黃，瀝去多餘油脂（圖 5）。

④ 生菜切絲。番茄橫切，去籽和汁液（圖 6）。

組合

漢堡橫切，切面在煎鍋中略微加熱，依次塗抹酸黃瓜沙拉醬，夾入雞排、番茄片和生菜絲。

Salmon
Hamburger

海洋鮭魚堡

製作方式：直接法
參考數量：6 個
使用模具：圓形漢堡模

材料（Ingredients）
高筋麵粉……200 克
低筋麵粉……50 克
細砂糖……15 克
酵母……3 克
鹽……4 克
墨魚汁……6 克
水……160 克
無鹽奶油……18 克

準備麵團（Preparation）
漢堡的製作方法參考 P.141 頁

烘焙（Baking）
210℃，上下火，中層，13～15 分鐘。

配料
鮭魚
迷迭香
鹽
黑胡椒
橄欖油
油漬番茄
顆粒芥末醬
沙拉醬（1：5 混合攪拌均勻）

製作步驟（Steps）

① 鮭魚略沖洗，用紙巾拭乾水分，用鹽、黑胡椒、切碎的迷迭香和橄欖油醃製30分鐘（圖1）。

② 熱油鍋，放入醃好的鮭魚，煎至兩面略微變色即可（圖2）。

1

2

組合
漢堡橫切，將其切面在煎鮭魚的平底鍋中略微加熱，塗抹芥末沙拉醬，夾入煎好的鮭魚和對切開的油漬小番茄。

Wholewheat
Sandwich

全麥潛艇三明治

這是我很喜歡的一個三明治麵包，適量加入全麥麵粉有助於身體攝取更多膳食纖維。整體口感柔和，甜度適中，不會搶走食物的風味。

製作方式：直接法
參考數量：6 個
使用模具：烤盤或熱狗模

材料（Ingredients）
高筋麵粉……230 克
全麥麵粉……20 克
細砂糖……25 克
鹽……3 克
酵母……3 克
全蛋液……20 克
水……145 克
無鹽奶油……25 克

烘焙（Baking）
上下火，190℃，中層，18～20 分鐘。

準備麵團（Preparation）
後油法將麵團揉至擴展階段 ⇒ 基礎發酵 ⇒ 排氣 ⇒ 分割成 6 份 ⇒ 滾圓鬆弛 15 分鐘。

製作步驟（Steps）

① 取一份麵團，從中間向上下擀開，成橢圓形（圖 1）。

② 翻面後橫向放置，壓薄底邊（圖 2）。

③ 自上而下捲起（圖 3～4）。

④ 將收口處捏緊，收口向下排列在烤盤上，進行最後發酵（圖 5）。

⑤ 待最後發酵至原體積2倍大（室溫約40分鐘），表面噴水，放入預熱好的烤箱烘烤（圖6）。

★ 若把麵包縱向切開，夾入加熱後的德國香腸、番茄醬、芥末醬，即成為熱狗麵包。也可發揮想像，利用手邊食材來隨意搭配。

★ 除製作成大的三明治以外，還可以將麵團分割為 60 克／個，整形成橄欖形，製作小朋友喜歡的酥炸雞排三明治，搭配酸甜番茄醬，十分開胃。或是直接塗抹沙拉醬，塞滿肉鬆，就是美味的肉鬆麵包啦！

創意芝麻沙拉麵包

圓鼓鼓、可愛的芝麻小餐包！早餐就用它來搭配新鮮沙拉和肉鬆吧！

製作方式：直接法
參考數量：6 個
使用模具：烤盤

材料（Ingredients）

高筋麵粉……250 克
細砂糖……15 克
鹽…… 4 克
酵母……3 克
奶粉……5 克
水……165 克
無鹽奶油……25 克

烘焙（Baking）

上下火，190℃，中層，15 ～ 18 分鐘。

表面裝飾（Decoration）

白芝麻

準備麵團（Preparation）

後油法將麵團揉至擴展階段 ⇒ 基礎發酵 ⇒ 排氣 ⇒ 分割成 6 份 ⇒ 滾圓鬆弛 15 分鐘。

Sesame Salad Bread

酪梨鮮蝦沙拉

材料（Ingredients）

酪梨、番茄、甜玉米、洋蔥、蝦仁、蛋黃醬、鹽、現磨黑胡椒各適量

製作步驟（Steps）

① 酪梨去皮、去核，切丁。番茄去籽和汁液，切丁。洋蔥切碎（可用冰水浸泡去除辣味，也可略翻炒），鮮蝦汆燙後取蝦仁（圖 1）。

② 將所有材料混合後加蛋黃醬拌勻，加入鹽和黑胡椒調味（圖 2）。

製作步驟（Steps）

① 取一份鬆弛好的麵團，擀成橢圓形（圖 1）。

② 翻面後壓薄底邊（圖 2）。

③ 自上而下折疊一次（圖 3）。

④ 將兩角折向中心位置（圖 4）。

⑤ 自上而下捲起，注意力度均勻，以指腹壓緊收口處（圖 5）。

⑥ 捲起後捏緊收口（圖 6 ～ 7）。

⑦ 雙手手掌外側略用力，搓成橄欖形狀（圖 8）。

⑧ 將整形好的麵團放在濕布上，沾濕表面（圖 9）。

⑨ 裹滿白芝麻（圖 10）。

⑩ 將表面的白芝麻輕輕壓實（圖 11）。

⑪ 有間隔地排入烤盤，做最後發酵，完成發酵後入烤箱烘烤（圖 12）。

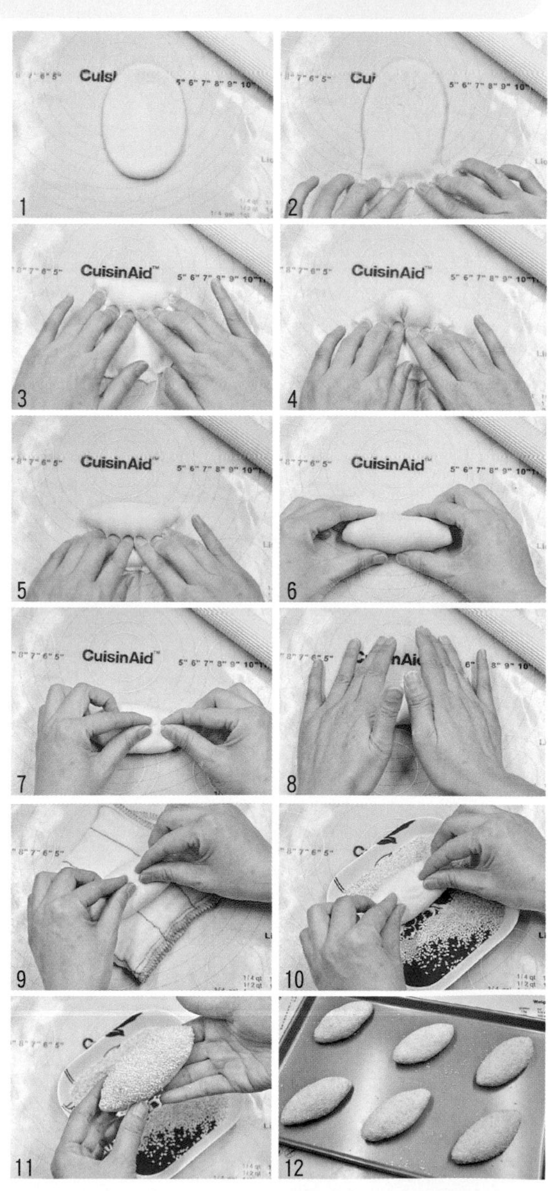

Tips

★ **將芝麻小餐包從中間切開（不要切斷），夾入酪梨鮮蝦沙拉和肉鬆。沙拉的種類可隨意搭配。**

鮮蝦洋芋三明治

芝麻麵包搭配鮮蝦可樂餅，並有酸黃瓜和芥末蛋黃醬來提味，鮮味十足！

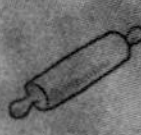

製作方式：直接法
參考數量：6 個
使用模具：烤盤

Shrimp Pata to Sandwich

材料（Ingredients）

鮮蝦可樂餅材料

- 雞蛋……1 顆
- 麵包粉……適量
- 馬鈴薯……2 顆
- 蝦仁……150 克（一半切丁，另一半剁成泥）
- 洋蔥丁……20 克
- 鹽和黑胡椒……適量

芥末蛋黃醬

- 法式芥末籽……15 克
- 蛋黃醬（混合均勻）……100 克

配料

生菜
酸黃瓜末

準備麵團

芝麻麵包製作方法參考 P.149 頁。

製作步驟（Steps）

① 馬鈴薯切片後煮（或蒸）熟（圖 1）。

② 瀝乾水分，壓成泥（圖 2）。

③ 加入洋蔥丁、蝦仁丁、蝦仁泥、鹽、黑胡椒，混合均勻（圖 3）。

④ 鋪於盤中，蓋保鮮膜冷藏（圖 4）。

⑤ 將蝦仁馬鈴薯泥捏成長條形（和麵包長度相當）（圖 5）。

⑥ 裹一層打散的蛋液（圖 6）。

⑦ 裹勻麵包粉（圖 7）。

⑧ 鍋中放入適量的油加熱，放入可樂餅炸至呈金黃色（圖 8）。

⑨ 撈出，瀝油備用（圖 9）。

組合

將芝麻小餐包從中間縱向切開（不要切斷），塗抹芥末蛋黃醬，然後放入生菜、可樂餅，最後撒上酸黃瓜末。

Chicken
Wholewheat
Hamburger

酥炸雞腿全麥堡

這個全麥堡非常柔軟，整形時特意將麵團壓扁，以便夾入更多配料。
滿足味蕾的滋味絕對值得嘗試。

製作方式：直接法
參考數量：7 個
使用模具：12cm×6.8cm 長方形漢堡模

前製項目－炸雞

材料（Ingredients）

雞腿……3 隻

鹽水	水……200 克 鹽……10 克
炸粉	中筋麵粉……150 克 泡打粉……1 克 紅糖……10 克 鹽……15 克 黑胡椒……適量 紅辣椒粉……適量

製作步驟（Steps）

① 將雞腿去骨，放在混合好的鹽水中浸泡，冷藏過夜（至少2小時）（圖1）。

② 將炸粉材料混合，攪拌均勻。紅糖要用手先捏碎（圖2～3）。

③ 取出浸泡過鹽水的雞腿，瀝水後裹滿炸粉（圖4）。

④ 放在平網盤上靜置，此時加熱炸鍋（圖5）。

⑤ 待油溫達到170℃時，將表面已略微濕潤的雞腿再次沾滿炸粉（圖6）。

⑥ 雞腿放入油鍋，炸至呈金黃色（圖7）。

Tips

★ 油溫不宜太高，以免雞腿尚未炸熟就已上色。

材料（Ingredients）

高筋麵粉……230 克
全麥麵粉……20 克
麥片……適量
細砂糖……20 克
酵母……3 克
鹽……3.5 克
水……165 克
無鹽奶油……25 克

準備麵團 （Preparation）

後油法將麵團揉至擴展階段 ⇒ 基礎發酵 ⇒ 排氣 ⇒ 分割成 9 份 ⇒ 滾圓鬆弛 15 分鐘。

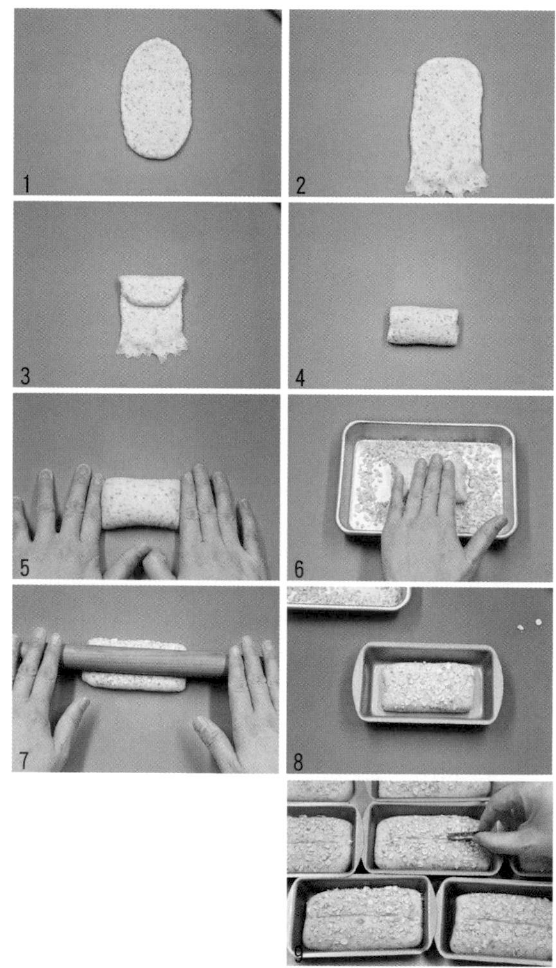

烘焙（Baking）

180℃，上下火，中層，18 分鐘。

製作步驟（Steps）

① 取一份鬆弛好的麵團，擀成橢圓形（圖1）。

② 翻面後壓薄底邊（圖2）。

③ 自上而下折疊兩次（圖3～4）。

④ 將兩端捏緊（圖5）。

⑤ 表面沾麥片裝飾（圖6）。

⑥ 輕輕擀壓（圖7）。

⑦ 收口朝下擺入模具，蓋保鮮膜進行最後發酵（圖8）。

⑧ 完成發酵後，用利刀在表面割切口，入烤箱烘烤（圖9）。

組合

漢堡對切開，切面略加熱，塗抹喜歡的醬料，夾入生菜和炸雞即完成。

貝果
Bagel

對於貝果，我是一直持有偏見的：認為口感乾硬無味的貝果，無論如何都不如鬆軟香甜的傳統麵包好吃。然而，少油、低脂、原料簡單的貝果卻在近年備受推崇，多次嘗試之後，我也慢慢接受了它最「原始」的味道。表皮較厚、口感緊實的貝果，可以調整內餡和原料，變化出更多新口味。同時，還可以搭配各種乳酪、蔬菜、肉類等製作出美味的貝果三明治。

Original
Black Sesame Bagel

原味貝果／黑芝麻貝果

參考數量：4 個

材料（Ingredients）

高筋麵粉……200 克
細砂糖……10 克
酵母……3 克
鹽……3 克
水……120 克
無鹽奶油……5 克

煮貝果用糖漿

水……1000 克
砂糖……50 克

在麵團揉製完成後，加入 30 克炒熟黑芝麻，低速攪拌均勻，即可製作黑芝麻貝果。

製作步驟（Steps）

① 取一份麵團，擀平成橢圓形（圖1）。

② 翻面後橫向放置，壓薄底邊（圖2）。

③ 自上而下捲起，要足夠緊實且不要捲入空氣（圖3）。

④ 收口處捏緊（圖4）。

⑤ 搓長至20cm（圖5）。

⑥ 麵團收口朝上，將其中一端打開並壓平（圖6～7）。

⑦ 將另一端疊放上去（圖8）。

烘焙（Baking）

210℃，上下火，中層，18 分鐘。

準備麵團（Preparation）

後油法將麵團揉至光滑（能拉出較厚的薄膜即可）⇒ 不用基礎發酵，直接分割成 4 等份。

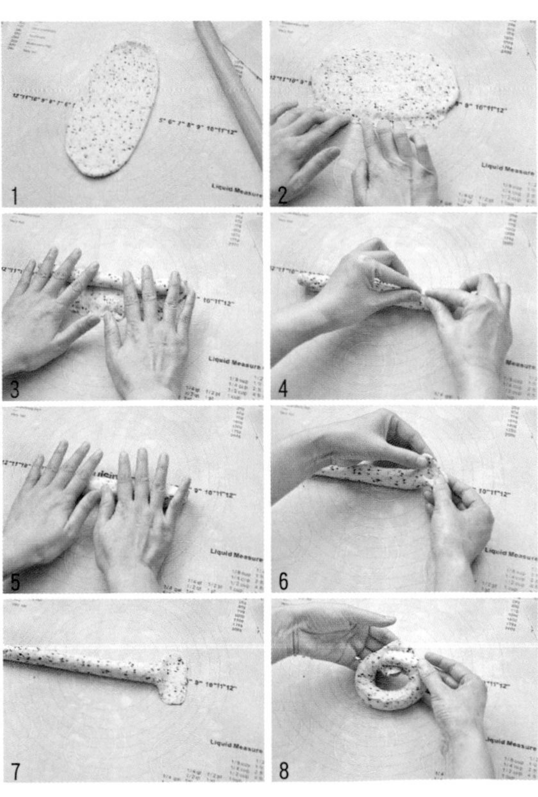

⑧ 用下方的麵團包裹住上面的麵團，捏緊收口（圖 9 ～ 10）。

⑨ 兩端固定，形成圓圈狀（圖 11）。

⑩ 將麵團收口朝下，置於剪開的烘焙紙上，蓋保鮮膜，室溫靜置發酵 30 分鐘左右（圖 12）。

⑪ 糖漿煮沸，將發酵好的貝果表面朝下放入鍋中（圖 13 ～ 14）。

⑫ 單面煮15秒後用漏勺翻面，再煮15 秒（圖 15～16）。

⑬ 將煮好的貝果撈出，徹底瀝乾水份（圖 17）。

⑭ 煮好的貝果排列在烤盤上，立即放入烤箱烘烤（圖 18）。

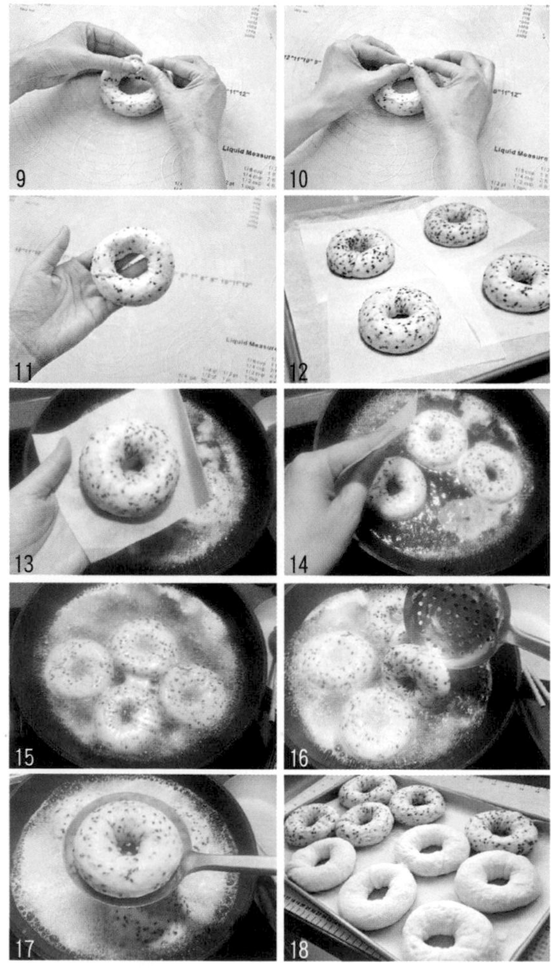

Tips

★ 該配方沒有基礎發酵，攪拌好的麵團直接整形操作。麵團含水量低，攪拌時要有耐心，最好將酵母提前溶於配方的水中，以免混合不夠完全。

★ 如果同時製作多種口味的貝果，在煮製時要注意先後順序：先放入原味的，再煮製巧克力的或裹滿了芝麻的。把可能汙染糖漿的麵團排在最後面製作。

★ 烤製貝果的溫度較高，一般在最後發酵即將結束時，就要開始預熱烤箱並煮製糖漿，確保煮好的貝果及時入烤箱。

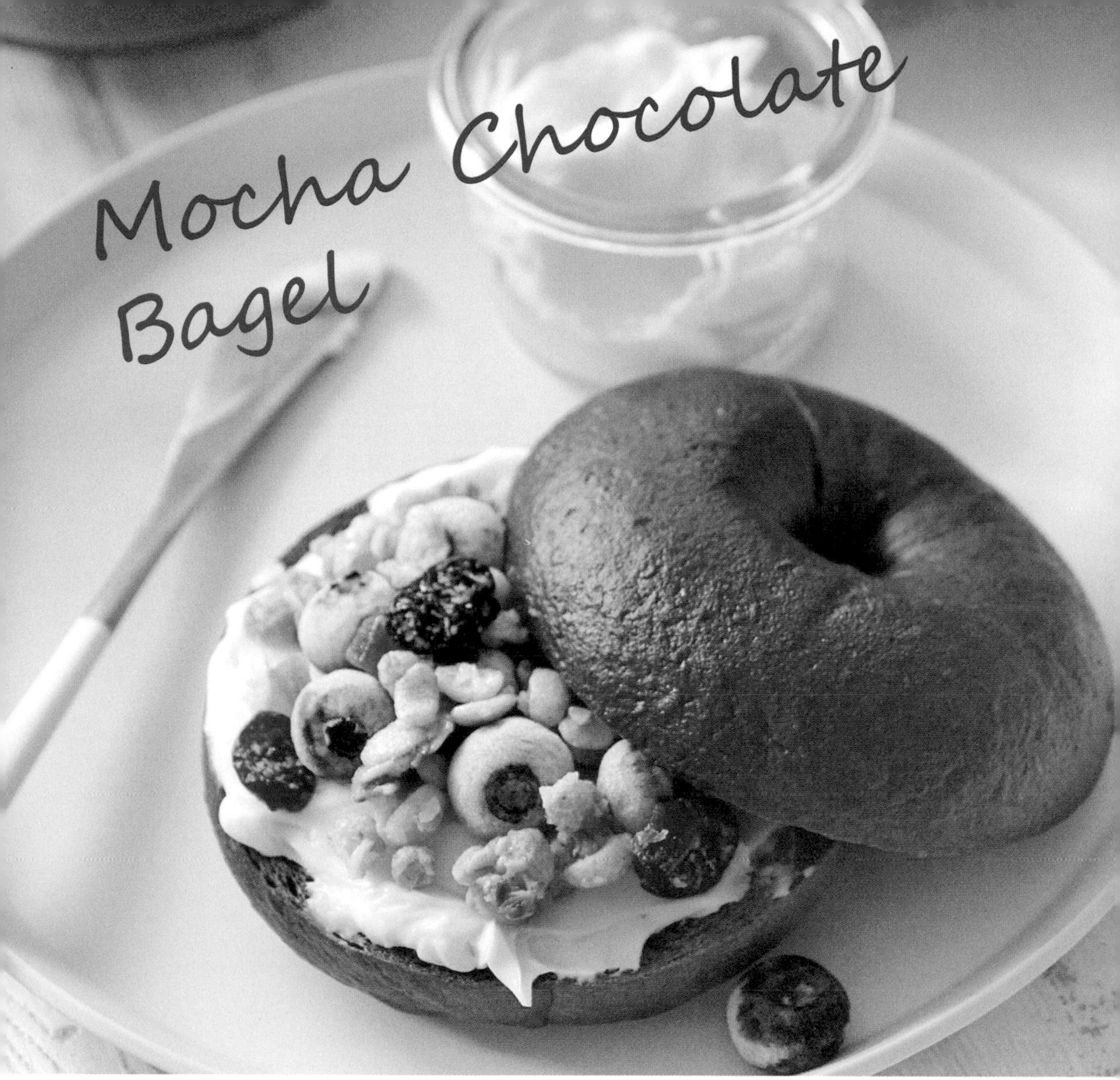
Mocha Chocolate
Bagel

摩卡巧克力貝果

可用現磨咖啡豆製作咖啡，放涼後使用。如果想要可可味更濃郁，也可加入 30 克左右的耐烘焙巧克力豆。

參考數量：4 個

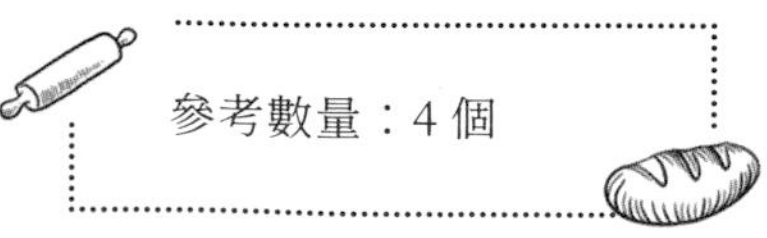

材料（Ingredients）

高筋麵粉……185 克

可可粉……15 克

細砂糖……10 克

酵母……3 克

鹽……3 克

咖啡……120 克

無鹽奶油……5 克

製作步驟（Steps）

同原味貝果（參考 P.157 頁）。

Squid Ink Bagel

墨魚黑貝果

參考數量：4 個

Tips

★ **只要在煮製好的貝果表面刷上少量蛋白，就可以沾滿黑芝麻再進行後續操作囉。**

材料（Ingredients）

高筋麵粉……200 克
細砂糖……5 克
酵母……3 克
鹽……4 克
墨魚汁……6 克
水……118 克
無鹽奶油……5 克

表面裝飾（Decoration）

黑芝麻（炒熟）

製作步驟 （Steps）

同原味貝果（參考 P.157 頁）。

培根芝士貝果

Bacon Cheese Bagel

參考數量：4 個

材料（Ingredients）

高筋麵粉……200 克
細砂糖……5 克
酵母……3 克
鹽……4 克
現磨黑胡椒……少許
水……120 克
無鹽奶油……5 克

配料

培根……4 片
莫札瑞拉起司……適量

製作步驟（Steps）

同原味貝果（參考 P.157 頁）。

Tips

★ 培根要用小火煎出油脂，用紙巾擦拭乾淨再切小塊。在第 3 步時捲入培根和少許乳酪，要捲得足夠緊實且不留空隙才好。

★ 煮製好的貝果入烤箱前，可在表面撒少許乳酪加以裝飾。

關於披薩

源自義大利的美食——披薩，由於受到全世界的喜愛，最初的風味和做法也不斷被改造，但這又何妨呢？美食就是要滿足不同的「胃」。

據說，義大利對披薩有很嚴謹的標準，原料的選擇非常苛刻，不能有任何形式的油脂；整形必須是徒手拉扯，不能使用擀麵棍；烤爐必須是磚石結構並用木材作為燃料；烤製時只能把餅皮直接放置在爐底，而不是烤盤上；餅皮的直徑大小、烤製的超高溫度、餡料的組合都有固定搭配。如果嚴格按照傳統正宗的義大利披薩做法，那麼這種美食無法走進大眾家庭。所以我們也不必太拘泥於形式，直接利用手邊現成的食材，變成我們專屬的美味吧。

披薩製作過程有幾個原則，在這裡分享給大家：

1.**關於餅皮的口味和原料：**披薩麵餅分為厚底和薄底，厚底較鬆軟，薄底更酥脆，以原料的選擇搭配來調整口感。通常，製作鬆軟厚底的披薩，需要使用高筋麵粉和一定量的油脂；製作酥脆的薄底披薩則要使用中筋麵粉，搭配少量橄欖油或完全不使用油脂。

2.**麵團的製作：**一般來說，披薩餅皮的麵團對出膜程度不像麵包那樣苛刻。由於麵團較小，一般家庭使用麵包機就比較適合。如果使用無鹽奶油，則揉麵過程同麵包一樣——後油法；如果使用橄欖油，那麼油脂和其他原料要一同攪拌。

3.**麵團發酵：**揉至麵團變光滑時即可取出發酵。揉好的披薩麵團要直接分割好並整理成圓形，以便完成發酵後直接擀開。如果直接製作，則麵團靜置發酵至原體積約2倍大時即可使用，也可密封冷藏1～3天，隨時取用。

4.**關於配料：**如果不糾結正宗與否，披薩的配料可以完全根據個人口味隨意搭配。但有一個原則——所有原料基本上都是熟的，尤其是大塊的肉類，需要提前處理至全熟或半熟；而蔬菜類如蘑菇、茄子等則需要以煎、烤的方式預處理，否則蔬菜類在烤製過程會出水，浸濕餅皮，進而影響口味；蝦、魷魚等海鮮類食材及生的玉米粒、青豆等需要提前汆燙；義大利香腸、火腿、培根等比較薄，可直接使用。

5.**關於醬料：**傳統的披薩醬是由番茄、胡蘿蔔、芹菜、洋蔥和羅勒等食材熬製而成，如果覺得麻煩，可以用普通的番茄醬來代替。美乃滋也很適合搭配白肉及清淡口味的披薩。

6.**關於乳酪：**通常會使用莫札瑞拉起司，但是為了口味需要，也會混合切達乳酪、帕馬森乳酪等，營造更富有層次的口感。若想要乳酪的拉絲效果更好，可以在烘烤的最後3分鐘左右時，再多撒一層乳酪在表面烘烤。後加的乳酪加熱時間短，剛剛融化，不會因加熱時間太久而失去拉絲效果。

7.**關於烘烤的溫度：**傳統的磚石結構烤爐溫度可達400℃～500℃，披薩可在短短2分鐘左右的時間烤熟，這也是確保披薩餅皮不僵硬卻足夠蓬鬆的關鍵。因此，烤披薩盡可能用更高的溫度，透過高溫快烤，保留餅皮和食材的水分不流失過多。

披薩
Pizza

做出屬於自己口味的披薩吧！

Shrimp and
Vegetable Pizza

鮮蝦時蔬披薩

這是一個類似麵包口感的披薩餅皮，鬆軟有彈性，適合製作厚底或清淡、偏甜口味的披薩。

製作方式：直接法
參考數量：2 個
使用模具：烤盤

材料（Ingredients）

高筋麵粉……200 克
細砂糖……20 克
酵母……2 克
鹽……3 克
全蛋液……10 克
水……120 克
無鹽奶油……20 克

配料

蝦……10 隻
花椰菜……10 小朵
蘆筍……8 根
番茄……1 顆
莫札瑞拉起司……適量
美乃滋……適量
黑胡椒（或綜合香草）…… 適量

準備麵團（Preparation）

後油法將麵團揉至光滑 ⇨ 分割成 2 份 ⇨ 進行基礎發酵。

烘焙（Baking）

220℃，上下火，中層，烤 12 ～ 15 分鐘至邊緣金黃。

製作步驟（Steps）

① 蝦汆燙去殼。

② 花椰菜和蘆筍洗淨，汆燙後瀝乾。

③ 番茄橫切成薄片，擠去多餘汁液。

④ 取一份完成發酵的麵團，擀成厚約 0.6cm 的圓片（圖 1）。

⑤ 將麵團放置在披薩盤或直接平鋪在烤盤上（圖 2）。

⑥ 用手指輕推麵團，形成一圈突起的厚邊（圖 3）。

⑦ 用叉子在除邊緣以外的部分戳孔，靜置備用（圖 4）。

⑧ 在餅皮塗抹沙拉醬，用湯匙背面抹平（圖 5～6）。

⑨ 將汆燙好的蔬菜和蝦均勻擺好（圖 7）。

⑩ 表面鋪滿厚厚的乳酪，根據口味撒上現磨黑胡椒或綜合香料，及少許海鹽，入烤箱烘烤（圖 8）。

雙拼披薩

餅皮麵團使用了橄欖油和中筋麵粉，適合製作中厚餅皮，搭配各種濃郁口味的食材。

製作方式：直接法
參考數量：1 個
使用模具：23cm 披薩烤盤

Two-in-one Pizza

材料（Ingredients）

中筋麵粉……200 克
細砂糖……5 克
酵母……1 克
鹽……4 克
水……120 克
橄欖油……20 克

配料

雞胸肉……1 塊
培根……3 片
甜玉米粒和青豆粒……適量
小番茄……2 顆
莫札瑞拉起司……適量
披薩醬（番茄醬）……適量
美乃滋和咖哩粉……適量
現磨黑胡椒（或綜合香草）……適量
白蘭地酒……適量

準備麵團（Preparation）

將製作麵團的所有原料混合揉至光滑，
蓋保鮮膜發酵至原體積 2 倍大。

烘焙（Baking）

250℃，上下火，中層，烤12分鐘至邊緣金黃。

製作步驟（Steps）

① 美乃滋加少許咖哩粉混合均勻，備用。

② 雞胸肉洗淨，加少許白蘭地酒、鹽、黑胡椒（或綜合香草），醃製 1 小時以上（圖 1）。

③ 用紙巾拭乾水分。鍋內加少許油，將雞胸肉煎至兩面金黃（圖 2～3）。

④ 煎好的雞肉切片，培根切片，甜玉米和青豆汆燙瀝乾。小番茄切片，擠出多餘汁液（圖 4）。

⑤ 取出發酵好的麵團擀成大片，平鋪在披薩盤上（如果烤盤底部沒有孔洞，則需要以叉子戳洞，防止餅皮鼓起）（圖 5～7）。

⑥ 將披薩醬和咖哩美乃滋交錯地塗在餅皮上（圖 8）。

⑦ 將所有準備好的食材以雞肉搭配咖哩、培根搭配披薩醬的原則均勻擺放（圖 9）。

⑧ 撒滿乳酪絲。根據喜好撒上綜合香料、海鹽或現磨黑胡椒，入烤箱烘烤（圖 10）。

Salami Pizza

薩拉米披薩

西班牙薩拉米香腸是用天然發酵、風乾的豬肉製成，瘦肉多肥肉少，
可直接切片食用。製作披薩時無須提前處理。

製作方式：直接法
參考數量：1 個
使用模具：烘焙石板

材料（Ingredients）

中筋麵粉……100 克
酵母……0.5 克
鹽……1 克
水……60 克
橄欖油……5 克

配料

披薩醬
莫札瑞拉起司
油漬番茄
黑橄欖
薩拉米香腸
鹽
黑胡椒

烘焙（Baking）

250℃，上下火，中層，10 分鐘。

準備麵團（Preparation）

餅皮麵團原料混合，攪拌至光滑，蓋保鮮膜，發酵 30 分鐘左右（可冷藏延時發酵 1 ～ 3 天）。

製作麵團前，可先取一塊烘焙石板置於烤箱中層的網架上，提前 40 ～ 60 分鐘將烤箱溫度調至最高，進行預熱。

製作步驟（Steps）

（參照第 P.171 頁瑪格麗特披薩做法）

① 薩拉米香腸切薄片，黑橄欖切片，油漬番茄對切。

② 餅皮擀開後戳洞，依次鋪上披薩醬、莫札瑞拉乳酪、薩拉米香腸、油漬小番茄及黑橄欖，最後依口味撒上現磨海鹽及黑胡椒。

③ 用披薩托板將披撒滑入預熱好的烤箱石板上。

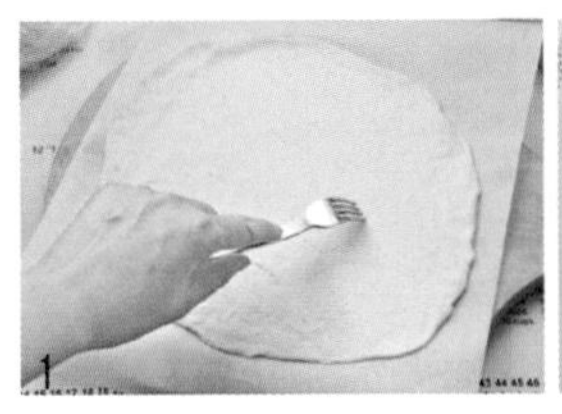
1

2

Margherita
Pizza

瑪格麗特披薩

香脆薄底披薩需要高溫快速烘烤，只要簡易醬料和滿滿起司及香料，就能烘托出純正的麵粉香氣，和食材的原始風味。

製作方式：直接法
參考數量：1 個
使用模具：烘焙石板

材料（Ingredients）

中筋麵粉……100 克
酵母…… 0.5 克
鹽……1 克
水……60 克
橄欖油……5 克

配料

披薩醬、莫札瑞拉起司、新鮮羅勒葉、番茄、鹽及黑胡椒

烘焙（Baking）

250℃，上下火，中層，10 分鐘。

準備麵團（Preparation）

餅皮麵團原料混合攪拌至光滑，蓋保鮮膜發酵 30 分鐘左右（可冷藏延時發酵 1 ～ 3 天）。

製作麵團前，可先取一塊烘焙石板置於烤箱中層的網架上，提前 40 ～ 60 分鐘將烤箱溫度調至最高，進行預熱。

製作步驟（Steps）

① 番茄橫切成薄片，取出番茄籽及汁液，備用。

② 將完成基礎發酵的餅皮麵團取出，擀成薄片，雙手小心拿起，平鋪於墊了烘焙紙的托板上，用叉子在表面戳洞（圖1）。

③ 將披薩醬塗滿餅皮，注意空出邊緣部分以免烤焦（圖 2）。

④ 依次鋪滿莫札瑞拉起司和切薄片的番茄，表面撒少許現磨海鹽及黑胡椒（圖 3）。

⑤ 用托板托起麵餅，連同烘焙紙順勢滑入烤箱內的石板上（石板溫度超高，小心燙傷）（圖 4）。

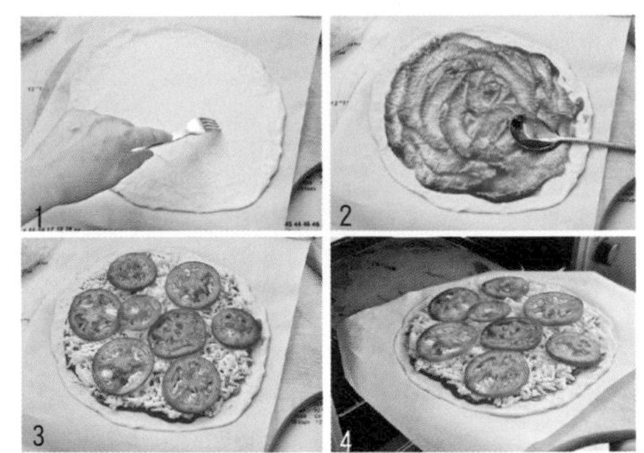

Tips

★ 烤箱的最高溫度通常是 250℃。為了有效提高烘焙溫度，可使用家用烘焙石板，提前預熱使石板積蓄高溫，餅皮直接接觸石板效果最好。因此，使用一個托板將披薩滑入烤箱比較方便操作。

Rosemary
Focaccia

迷迭香佛卡夏

新鮮的迷迭香經過橄欖油的浸泡，充分釋放香味。新出爐的佛卡夏泛著金黃光澤，散發出迷人味道。

材料（Ingredients）

高筋麵粉……250 克
細砂糖……10 克
鹽……5 克
酵母……3 克
水……177 克
迷迭香橄欖油……30 克

製作方式：直接法
參考數量：1 個
使用模具：25cm×35cm 深烤盤

烘焙（Baking）

上下火，230℃，中層，15～18 分鐘。

配料

橄欖油……60 克
迷迭香……1 枝
現磨黑胡椒及海鹽……適量

製作步驟（Steps）

① 新鮮迷迭香用 60 克橄欖油浸泡 12 小時以上，以充分釋放香味（圖 1）。

② 將麵團原料中所有材料揉至光滑（橄欖油除外），再加入迷迭香橄欖油（約 30 克），繼續攪拌至完全吸收，蓋保鮮膜，進行基礎發酵（圖 2～8）。

③ 麵團完成發酵後體積明顯增大。在烤盤裡淋少許橄欖油（烤盤最好鋪烘焙紙，方便出爐）（圖 9）。

④ 將完成基礎發酵的麵團直接倒入烤盤，把剩餘的半份迷迭香橄欖油倒在麵團上，用手指推開麵團，使其厚薄均勻，鋪平後蓋保鮮膜進行最後發酵（圖 10）。

⑤ 發酵約 90 分鐘，發至原體積 2 倍大，用手指在表面戳洞，撒上現磨黑胡椒及片狀海鹽，入烤箱烘烤（圖 11～12）。

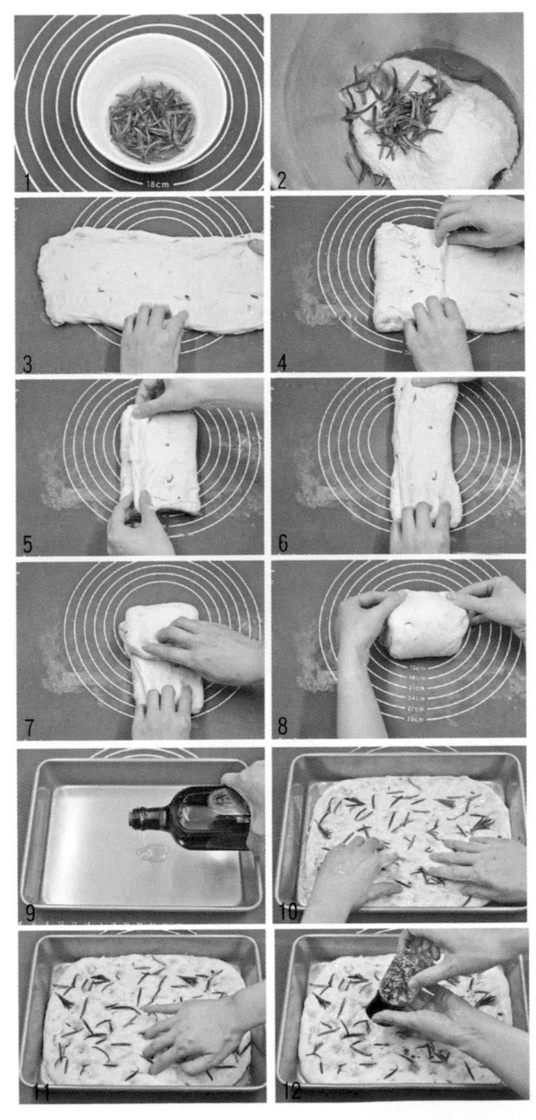

吐司

Toast

全家大小都會愛的美味吐司。

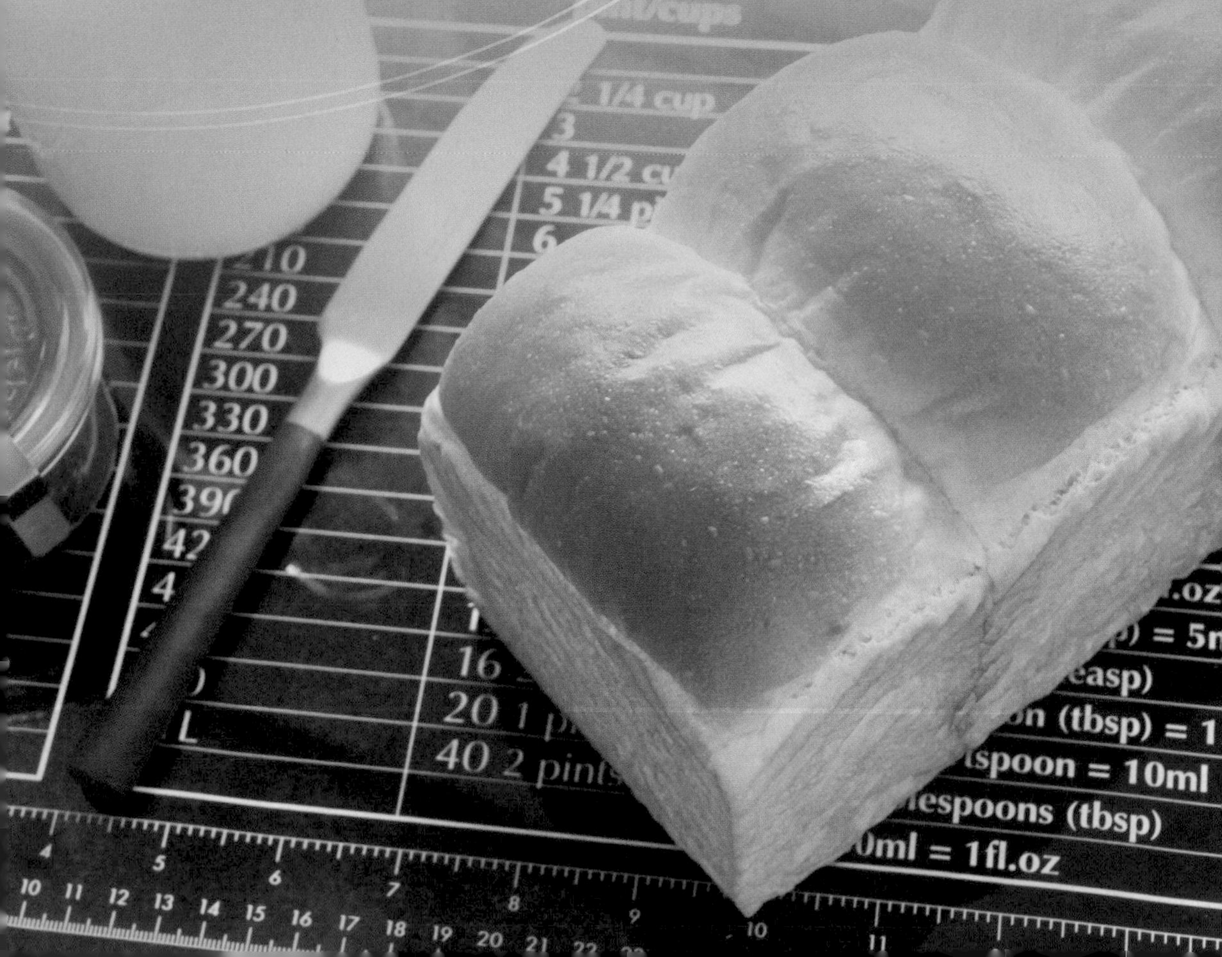

White Toast

白吐司

清淡的白吐司，低油低糖配方，適合製作各種口味的三明治。

製作方式：直接法
參考數量：1 條
使用模具：450 克吐司模

材料（Ingredients）

高筋麵粉……250 克
細砂糖……20 克
鹽……4 克
酵母……3 克
奶粉……7 克
全蛋液……25 克
水……162 克
無鹽奶油……13 克

烘焙（Baking）

上火 190℃，下火 210℃，中下層，30 分鐘。

製作步驟（Steps）

吐司做法參考 P.27 ～ 30 頁。

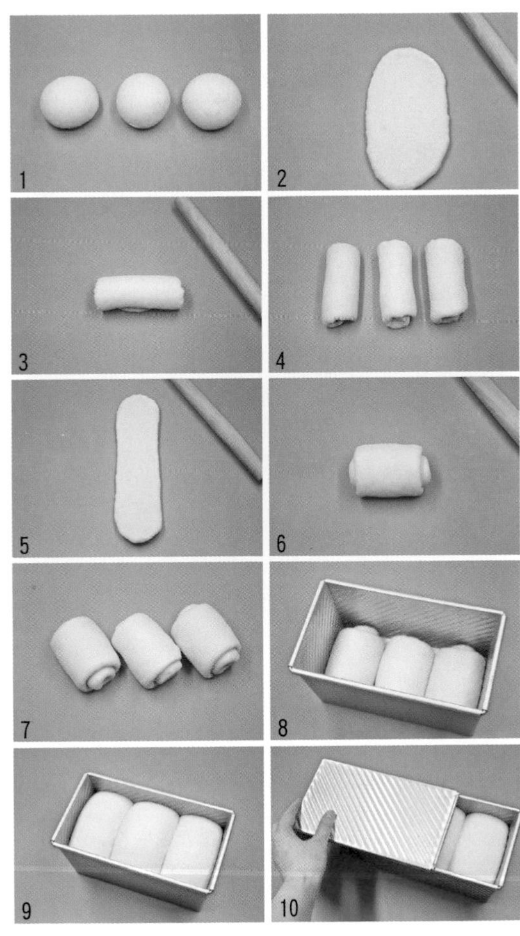

Holiday Toast

假日吐司

製作方式：直接法
參考數量：1 條
使用模具：450 克吐司模

材料（Ingredients）

高筋麵粉……250 克
細砂糖……50 克
酵母……4 克
鹽……3.5 克
全蛋液……50 克
牛奶……50 克
水……57 克
無鹽奶油……35 克

烘焙（Baking）

上下火，180℃，中下層，35 分鐘。
吐司做法參考 P.27 ～ 30 頁。

表面裝飾（Decoration）

全蛋液

純奶吐司

製作方式：直接法
參考數量：1 條
使用模具：450 克吐司模

材料（Ingredients）

高筋麵粉……250 克
細砂糖……20 克
鹽……4 克
酵母……3 克
全蛋液……12 克
牛奶……183 克
無鹽奶油……25 克

烘焙（Baking）

上火 190℃，下火 210℃，中下層，30 分鐘。
吐司做法參考 P.27～30 頁。

表面裝飾 （Decoration）

將全蛋液和水按 1：1 的比例混合均勻

Milk toast

Cream Toast

鮮奶油吐司

乳香濃郁的動物淡奶油以及少量原味優格，使麵團細嫩且富有天然奶油香味。

製作方式：直接法

參考數量：1 條

使用模具：450 克吐司模

烘焙（Baking）

上火190℃，下火210℃，中下層，30分鐘。吐司做法參考P.27～30頁。

材料（Ingredients）

高筋麵粉……250 克

細砂糖……25 克

鹽……3.5 克

酵母……3 克

原味優格……25 克

鮮奶油……42 克

水……115 克

無鹽奶油……20 克

表面裝飾（Decoration）

將全蛋液和水按 1：1 的比例混合均勻

材料（Ingredients）

液種材料
- 高筋麵粉……50 克
- 水……50 克
- 酵母……1 克

主麵團材料
- 高筋麵粉……230 克
- 細砂糖……30 克
- 酵母……3 克
- 鹽……2 克
- 全蛋液……80 克
- 牛奶……60 克
- 無鹽奶油……20 克

準備麵團（Preparation）

液種材料混合均勻，室溫發酵至原體積 4 倍大，至中間略有塌陷（或室溫發酵 1 小時後，冷藏延時發酵 24 小時）⇒ 將發酵好的液種材料混合主麵團材料，後油法揉至完全階段 ⇒ 基礎發酵 ⇒ 排氣 ⇒ 分割成 3 份 ⇒ 滾圓鬆弛 15 分鐘 ⇒ 依基礎吐司整形方法進行整形。

烘焙（Baking）

180℃，上下火，中層，40 分鐘。吐司做法參考 P.27 ～ 30 頁。

軟綿綿吐司

製作方式：液種法
參考數量：1 條
使用模具：450 克吐司模

Soft Toast

製作方式：直接法
參考數量：1 條
使用模具：450 克吐司模（可製作 2 條 250 克吐司模或心形吐司模）

紅豆吐司／抹茶紅豆吐司／雙色紅豆吐司

微微清苦的抹茶和溼軟綿甜的蜜紅豆，就是最完美的搭配。將麵團玩出新意，再利用不同模具，製作漩渦紋理的雙色吐司吧！

材料（Ingredients）

原味麵團

- 高筋麵粉……250 克
- 細砂糖……30 克
- 鹽……3 克
- 酵母……3 克
- 全蛋液……52 克
- 牛奶……30 克
- 水……90 克
- 無鹽奶油……30 克

雙色抹茶麵團：麵團揉好，分出一半麵團，加入 3 ～ 5 克抹茶揉勻。（如圖 1）

配料

蜜紅豆……100 克

製作步驟（Steps）

單色紅豆吐司（以抹茶紅豆吐司為例）

① 將鬆弛好的麵團擀成短邊略小於吐司盒長度的長方形大片，翻面後壓薄底邊，均勻地鋪上蜜紅豆（圖 2）。

② 自上而下捲起並捏緊收口，收口向下放入吐司盒中，最後發酵至約九分滿，入烤箱烘烤（圖 3 ～ 4）。

雙色紅豆吐司

① 將發酵好的原味和抹茶味麵團排氣，滾圓鬆弛 15 分鐘（圖 5）。

② 將兩個麵團分別擀開後重疊放置，邊長要略小於模具長度，表面均勻鋪滿蜜紅豆（圖6）。

③ 自上而下捲起，捏緊收口（圖 7）。

④ 將整形好的麵團置於模具中進行最後發酵，入烤箱烘烤（圖 8）。

表面裝飾（Decoration）

全蛋液

烘焙（Baking）

450 克吐司模（不加蓋），上火 190℃，下火 210℃，中下層，35 分鐘。

心形吐司模和 250 克吐司模（加蓋），上下火 190 度，中層，30 分鐘。

準備麵團 （Preparation）

後油法將麵團揉至完全階段 ⇒ 基礎發酵 ⇒ 排氣 ⇒ 滾圓鬆弛 15 分鐘。

原味吐司

製作方式：中種法
參考數量：1 條
使用模具：450 克吐司模

材料（Ingredients）

中種材料

高筋麵粉……125 克
細砂糖……10 克
酵母……2.5 克
水……100 克

主麵團材料

高筋麵粉……125 克
細砂糖……40 克
鹽……3 克
奶粉……10 克
全蛋液……38 克
水……15 克
無鹽奶油……30 克

烘焙（Baking）

上下火，185℃，中下層，35 分鐘。
吐司做法參考 P.27 ～ 30 頁。

準備麵團（Preparation）

中種材料混合均勻，室溫發酵至原體積3～4倍大（或室溫發酵1小時後，冷藏延時發酵24小時）⇒ 將發酵好的中種材料撕碎，混合主麵團材料，後油法揉至完全階段 ⇒ 基礎發酵 ⇒ 排氣 ⇒ 分割成3份 ⇒ 滾圓鬆弛15分鐘 ⇒ 依基礎吐司整形方法進行整形。

製作步驟（Steps）

依基礎吐司整形方法進行整形。

奶香吐司

這是一款相當清爽的吐司。因為加入了煉乳，有了淡淡奶香。
適合塗抹果醬或製作甜味三明治。

製作方式：直接法
參考數量：1 條
使用模具：450 克吐司模

材料（Ingredients）

高筋麵粉……250 克
細砂糖……10 克
鹽……3 克
酵母……3 克
煉乳……30 克
牛奶……100 克
水……70 克
無鹽奶油……25 克

烘焙（Baking）

上火190℃，下火210℃，中下層，30分鐘。

吐司做法參照P.27～30頁。

Milk Toast

Sesame
Toast

芝麻吐司

這款吐司本身較為清淡，但是炒香的黑芝麻經過研磨，爆發出的香味格外突出，可以隨意搭配各種食材。

製作方式：直接法
參考數量：1 條
使用模具：450 克吐司模

材料（Ingredients）

高筋麵粉……250 克
細砂糖……10 克
鹽……3.5 克
酵母……3.5 克
水……130 克
牛奶……50 克
奶粉……12 克
無鹽奶油……15 克
黑芝麻（炒熟）……20 克
（提前研磨炒熟的黑芝麻，或用擀麵棍擀壓後使用）

表面裝飾（Decoration）

白芝麻（炒熟）……適量

烘焙（Baking）

上火 190℃，下火 210℃，中下層，30 分鐘。

準備麵團（Preparation）

後油法將麵團揉至完全階段 ⇒ 加入研磨過的黑芝麻，低速攪拌混合均勻 ⇒ 基礎發酵 ⇒ 排氣 ⇒ 分割成 2 份 ⇒ 滾圓鬆弛 15 分鐘。

製作步驟（Steps）

① 將鬆弛好的麵團整形成與吐司模長度相當的圓柱形（圖 1 ～ 4）。

② 用濕毛巾沾濕麵團表面，沾滿白芝麻。將兩條麵團並排收口朝下，排列在吐司模中（圖 5）。

③ 最後發酵至九分滿，入烤箱烘烤（圖 6）。

1 2 3 4 5 6

Coconut
Toast

陽光椰蓉吐司

在我的印象裡，椰蓉富有一點「古早味」。一點點椰蓉的嚼勁，一點點椰子的清香，看起來讓人胃口大開！

製作方式：直接法
參考數量：1 條
使用模具：450 克吐司模

材料（Ingredients）

高筋麵粉 ……250 克
細砂糖……30 克
鹽……2 克
酵母……3 克
奶粉……8 克
全蛋液……32 克
牛奶……142 克
無鹽奶油……30 克

烘焙（Baking）

上火 190℃，下火 210℃，中下層，35 分鐘。

準備麵團（Preparation）

後油法將麵團揉至完全階段 ⇨ 基礎發酵 ⇨ 排氣 ⇨ 滾圓鬆弛 15 分鐘。

餡料（Stuffing）

椰蓉餡（製作方法參考 P.68 頁）

表面裝飾（Decoration）

全蛋液

製作步驟（Steps）

① 鬆弛好的麵團擀成大片，翻面後鋪滿椰蓉餡（圖 1）。

② 自上而下捲起（圖 2）。

③ 收口處捏緊（圖 3）。

④ 順著麵團縱向對切（圖 4）。

⑤ 切口朝上交叉纏繞，扭成麻花狀（圖 5）。

⑥ 整理麵團並將兩端收入底部（圖 6）。

⑦ 均勻地擺在吐司盒裡進行最後發酵，約9分滿時在表面刷上蛋液，入烤箱烘烤（圖 7）。

Tomato Cheese Toast

田園番茄起司

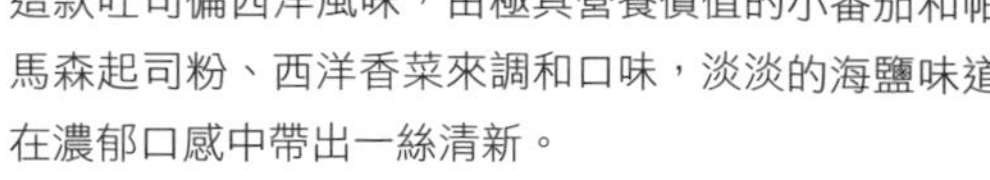

這款吐司偏西洋風味，由極具營養價值的小番茄和帕馬森起司粉、西洋香菜來調和口味，淡淡的海鹽味道在濃郁口感中帶出一絲清新。

製作方式：直接法
參考數量：2 條
使用模具：250 克吐司模

材料（Ingredients）

高筋麵粉……250 克
細砂糖……25 克
鹽……4.5 克
酵母……3 克
奶粉……8 克
全蛋液……25 克
淡奶油……25 克
牛奶……50 克
水……75 克
帕馬森起司粉……25 克
無鹽奶油……25 克

配料

黑胡椒……1.5 克
小番茄（切塊）……55 克
乾洋香菜……1 克

烘焙（Baking）

上火 190℃，下火 210℃，中下層，30 分鐘。

製作步驟（Steps）

① 後油法將麵團揉至光滑，加無鹽奶油充分揉勻，加入配料，低速攪拌至吸收（圖 1）。

② 加蓋保鮮膜，基礎發酵至原體積 2 倍大（圖 2）。

③ 取出完成發酵的麵團，排氣後分割成 4 等份，滾圓，鬆弛 20 分鐘（圖 3）。

④ 依 P.27 頁基礎吐司的整形方法整形（圖 4）。

⑤ 蓋保鮮膜，最後發酵至 9 分滿，表面刷上全蛋液，入烤箱烘烤（圖 5）。

活力養樂多吐司

養樂多富含有益人體腸道的乳酸菌，添加了養樂多的吐司，散發出淡淡乳酸味道，同時呈現極柔軟的彈性和嬌嫩外皮。

製作方式：中種法
參考數量：8 條
使用模具：10cm×5cm×5cm 迷你吐司模

材料（Ingredients）

中種材料
- 高筋麵粉……175 克
- 酵母……2.5 克
- 養樂多……75 克
- 水……50 克

主麵團材料
- 高筋麵粉……75 克
- 細砂糖……25 克
- 鹽……3 克
- 牛奶……37 克
- 全蛋液……25 克
- 無鹽奶油……20 克

烘焙（Baking）

上火 190℃，下火 210℃，中下層，25 分鐘。

吐司做法參考 P.27 ～ 30 頁。

準備麵團（Preparation）

中種材料混合均勻，室溫發酵至原體積 3 ～ 4 倍大（或室溫發酵 1 小時後，冷藏延時發酵 24 小時）⇒ 將發酵好的中種材料撕碎，混合主麵團材料，後油法揉至完全階段 ⇒ 基礎發酵 ⇒ 排氣 ⇒ 分割 16 等份 ⇒ 滾圓鬆弛 15 分鐘 ⇒ 依 P.27 頁基礎吐司整形方法進行整形。

表面裝飾（Decoration）

將全蛋液和水按 1：1 的比例混合均勻

Blueberry Cheese Toast

藍莓乳酪吐司

藍莓和乳酪的味道，就像一對親密戀人，醇香中糾纏著一絲絲酸甜。麵團沒有使用無鹽奶油，取而代之的是奶油乳酪和冷凍後的藍莓。藍莓汁浸潤在麵團中，呈現迷人的淡紫色，而乳酪則賦予麵團極致柔軟的口感。

製作方式：直接法
參考數量：1 條
使用模具：450 克吐司模

材料（Ingredients）

高筋麵粉…… 250 克
細砂糖……30 克
鹽……3 克
酵母……3 克
水……125 克
奶油奶酪……30 克
藍莓（冷凍）……50 克

烘焙（Baking）

上火 190℃，下火 210℃，中下層，30 分鐘。
吐司做法參考 P.27 ～ 30 頁。

準備麵團（Preparation）

將麵團所有原料（奶油乳酪冷藏狀態、藍莓冷凍狀態均無須回溫，可直接使用）揉至完全階段 ⇨ 基礎發酵 ⇨ 排氣 ⇨ 分割 3 等份 ⇨ 滾圓後鬆弛 20 分鐘 ⇨ 依 P.27 頁基礎吐司的整形方法整形。

黑糖甜而不膩，有著白砂糖無法企及的深遠味道。這款湯種吐司不但在麵團裡使用黑糖，而且直接捲入了粗顆粒的黑糖來烤製，風味濃郁、柔軟而有韌性。
Brown Sugar Wholewheat Toast

黑糖全麥吐司

製作方式：湯種法
參考數量：1 條
使用模具：450 克吐司模

材料（Ingredients）

湯種麵團……50 克
高筋麵粉……200 克
全麥麵粉……20 克
黑糖（提前與配方中的水混合加熱融化，放涼後使用）……40 克
水……167 克
鹽……3 克
酵母……3 克
無鹽奶油……25 克
黑糖……60 克

準備麵團（Preparation）

湯種麵團切小塊，與主麵團材料混合，後油法揉至完全階段 ⇒ 基礎發酵 ⇒ 排氣 ⇒ 分割成 3 份 ⇒ 滾圓鬆弛 15 分鐘。

烘焙（Baking）

上火 180℃、下火 210℃，中下層，35 分鐘。

製作步驟（Steps）

① 取一份鬆弛好的麵團，擀成橢圓形（圖 1）。

② 翻面後橫向放置，壓薄底邊，將 20 克黑糖鋪在上半部分（圖 2）。

③ 自上而下捲起（圖 3）。

④ 捏緊收口（圖 4）。

⑤ 依次做好 3 個麵團，如圖放置（撒少許手粉會更便於操作）（圖 5）。

⑥ 編成三股辮，兩端捏緊（圖 6）。

⑦ 放置在吐司盒裡整理好兩端，蓋保鮮膜進行最後發酵（圖 7）。

⑧ 發酵至9分滿時，刷上全蛋液，入烤箱烘烤（圖8）。

Tips

★ 黑糖顆粒較粗且不易融化，因此一定要和原料中的水一起煮至化開，放涼後再用來揉麵。

★ 在包入黑糖時盡可能地將收口捏緊。在烘烤過程中，因黑糖融化產生高溫，很容易使糖漿爆出。因此，脫模時要一定要小心燙傷。

製作方式：液種法
參考數量：1 條
使用模具：450 克吐司模

Red Grape Cheese Bread

紅酒葡萄乾吐司

酸甜的葡萄乾完美地誘發了乳酪的醇香，
「編織」出最動人的味道。

材料（Ingredients）

液種材料

高筋麵粉……125 克
細砂糖……30 克
酵母……3 克
奶粉……5 克
全蛋液……50 克
水……92 克

主麵團材料

高筋麵粉……125 克
海鹽……2.5 克
細砂糖 ……10 克
水……13 克
無鹽奶油……20 克

烘焙（Baking）

上下火，185℃，中下層，35 分鐘。

準備麵團（Preparation）

液種材料混合均勻，室溫發酵至原體積 4 倍大，至中間略有塌陷（或室溫發酵 1 小時後，冷藏延時發酵 24 小時）⇨ 將發酵好的液種材料混合主麵團材料，後油法揉至完全階段 ⇨ 基礎發酵 ⇨ 排氣 ⇨ 分割成 4 份 ⇨ 滾圓鬆弛 15 分鐘。

配料

葡萄乾……75 克
奶油奶酪……80 克
紅酒……適量
葡萄乾用溫水洗淨，再用紅酒泡軟，瀝乾備用。奶油乳酪切丁（如右圖）。

製作步驟（Steps）

① 香酥粒的做法參考 P.47 頁。

② 取一份麵團擀成長條形，鋪滿乳酪丁和酒漬葡萄乾（圖 1）。

③ 壓薄底邊，自上而下捲起（圖 2）。

④ 從中間對切（圖 3）。

⑤ 4 份麵團對切後成為 8 個捲，排列在吐司模裡（圖 4）。

⑥ 蓋保鮮膜，最後發酵至 9 分滿，在表面刷蛋液，撒上香酥粒，入烤箱烘烤（圖 5）。

1

2

3

4

5

Chocolate Toast

元氣巧克力吐司

巧克力能給人充足能量。將吐司重新加熱，巧克力豆處於半融化狀態，無論是作為早餐還是零食，都很有滿足感。

製作方式：直接法
參考數量：1 條
使用模具：450 克吐司模

材料（Ingredients）

高筋麵粉……235 克
可可粉……15 克
細砂糖……26 克
鹽……3 克
酵母……3 克
牛奶……180 克
無鹽奶油……20 克
耐烘焙巧克力豆……60 克

準備麵團（Preparation）

後油法將麵團揉至完全階段 ⇒ 基礎發酵 ⇒ 排氣 ⇒ 分割成 3 份 ⇒ 滾圓鬆弛 15 分鐘（圖 1）。

烘焙（Baking）

上火 190℃，下火 210℃，中下層，30 分鐘。

製作步驟（Steps）

① 取一份麵團擀成橢圓形（圖 2）。

② 翻面後拉起四角，整理成長方形（圖 3）。

③ 在中間部分均勻鋪滿巧克力豆（圖 4）。

④ 左右兩側各向中間折疊一次，略微拍扁（圖5）。

⑤ 表面再鋪一層巧克力豆（圖 6）。

⑥ 自上而下捲起（圖 7）。

⑦ 底邊壓薄，收口處捏緊（圖 8）。

⑧ 依次做好 3 個麵團，排入吐司模，蓋保鮮膜進行最後發酵（圖 9）。

⑨ 待發酵至 9 分滿時，表面噴水，入烤箱烘烤（圖 10）。

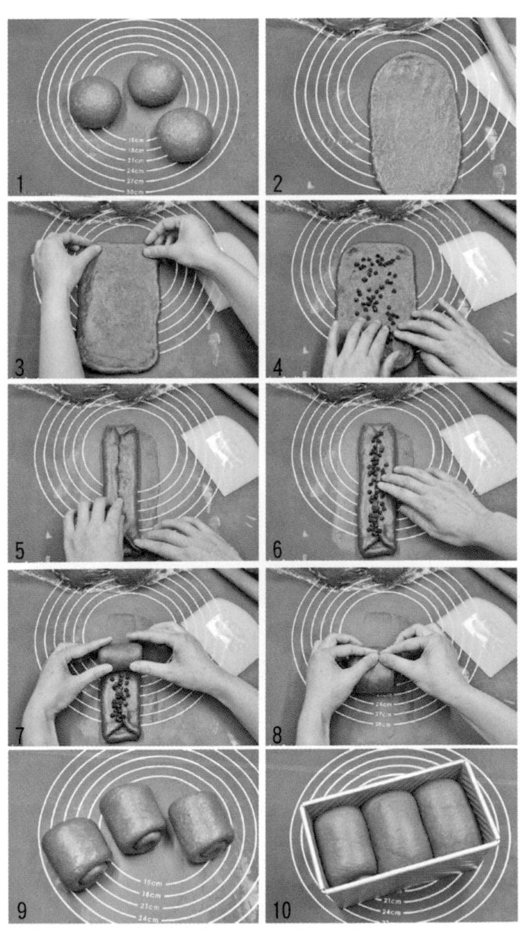

Vanilla
Toast
POT à YOGOURT

香草牛奶吐司

低溫狀態下漫長的發酵過程，使香草籽和牛奶充分釋放出迷人香氣。由於油脂和蛋的含量較高，吐司組織綿密鬆軟，無須搭配其他配料，就是最奢華的味道。

製作方式：隔夜冷藏法
參考數量：1 條
使用模具：450 克吐司模

烘焙（Baking）

上火 190℃，下火 210℃，中下層，30 分鐘。

材料（Ingredients）

高筋麵粉……250 克
細砂糖……35 克
香草莢……1/4 枝
鹽……3 克
酵母……3 克
全蛋液……92 克
牛奶……90 克
無鹽奶油……75 克

製作步驟 （Steps）

第一天：後油法將麵團揉至完全階段，加蓋保鮮膜，基礎發酵 30 分鐘左右，取出翻面，冷藏發酵 12 ～ 16 小時。

第二天：取出冷藏麵團，室溫回溫（內部溫度達到 16 ～ 20℃時方可使用），按照山形吐司的基礎整形方法整形，入烤箱烘烤即可。

前製項目－香草料

製作步驟 （Steps）

① 將香草縱向剖開（圖 1）。

② 用刀尖背面刮取香草籽（圖 2）。

③ 將香草籽和細砂糖混合（圖 3）。

④ 香草莢上會有殘留的香草籽，可用砂糖磨擦以充分取出（圖 4）。

⑤ 混合了香草籽的細砂糖可直接使用，密封存放香氣更濃郁（圖 5）。

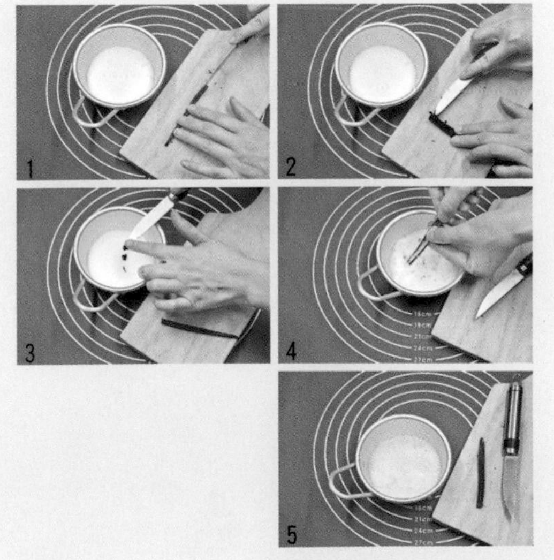

Tips

★ **隔夜冷藏法：麵團攪拌完成後，利用 2 ～ 5℃的低溫長時間發酵，會使麵團醞釀更好的味道，同時可以延緩麵團老化，保持鬆軟口感。特別適合沒有充足完整時間製作麵包的上班族，可以將製作過程分段。**

★ **隔夜冷藏法需要注意的事項：冷藏環境儘量乾淨，無異味，以免影響麵團風味；冷藏發酵後的麵團不能直接整形，低溫狀態下麵團極易撕裂，需在室溫中回溫後進行操作。**

Cranberry Walnut Toast

蔓越莓核桃吐司

麵團本身低糖低油，但是大量蔓越莓提供了酸甜口感，加上核桃的香味，以及未入口就已經散發溫暖氣息的肉桂，每一口都有大大滿足。

製作方式：直接法
參考數量：1 條
使用模具：450 克吐司模

材料（Ingredients）

高筋麵粉……250 克
肉桂粉……2.5 克
細砂糖……25 克
鹽……4 克
酵母……3.5 克
水……93 克
牛奶……57 克
全蛋液……25 克
無鹽奶油……20 克
蔓越莓……100 克
核桃……65 克

烘焙（Baking）

上火 180℃，下火 210℃，中下層，35 分鐘。

準備麵團（Preparation）

後油法將麵團揉至完全階段 ⇨ 取出麵團，以折疊的方式將蔓越莓和核桃混合均勻（參考 P.22 頁）⇨ 基礎發酵 ⇨ 排氣 ⇨ 滾圓鬆弛 20 分鐘。

表面裝飾 （Decoration）

融化無鹽奶油
肉桂糖（肉桂粉和細砂糖以 1：1 的比例混合）

製作步驟 （Steps）

① 蔓越莓用溫水洗淨，瀝乾水。核桃以 170℃烤8分鐘至散出香味，放涼後切小塊。

② 取出鬆弛好的麵團，擀成寬度略窄於吐司模的長方形麵團（圖 1）。

③ 翻面，由上而下捲起（圖 2）。

④ 將收口處捏緊（圖 3）。

⑤ 整理好形狀，放在吐司模中，蓋保鮮膜，最後發酵（圖 4）。

⑥ 發酵至 9 分滿，在表面噴水，入烤箱烘烤（圖 5）。

⑦ 出爐後震模一次，立即脫模，趁熱在吐司表面刷上化開的無鹽奶油，並將肉桂糖篩在表面，待晾至微溫時密封保存（圖 6）。

Sesame
Potato Toast

黑芝麻地瓜吐司

有著濃濃田園氣息的麵包。

製作方式：直接法
參考數量：1 條
使用模具：450 克吐司模

材料（Ingredients）

高筋麵粉……250 克
細砂糖……35 克
鹽……3 克
酵母……3 克
奶粉……10 克
水……132 克
全蛋液……25 克
無鹽奶油……35 克
黑芝麻……1 大匙
熟番薯……100 克

烘焙（Baking）

上下火，185℃，中層，35 ～ 40 分鐘。

準備麵團（Preparation）

後油法將麵團揉至完全階段 ⇨ 加入黑芝麻，低速混合均勻 ⇨ 基礎發酵 ⇨ 排氣⇨ 分割成 3 份 ⇨ 滾圓鬆弛 15 分鐘。

表面裝飾（Decoration）

全蛋液

製作步驟（Steps）

① 番薯蒸熟或煮熟後去皮，切1cm正方形小塊。

② 取一份鬆弛好的麵團，擀成橢圓形（圖1）。

③ 翻面，兩邊各向中間折疊一次（圖2）。

④ 壓平後擀長，壓薄底邊，鋪上番薯粒（圖3）。

⑤ 自上而下捲起，盡可能不要留有空隙，收口處捏緊（圖 4）。

⑥ 依次將3個麵團做好。捲入的番薯粒最好一樣多，盡量大小一致（圖5）。

⑦ 入模，最後發酵至9分滿，表面刷全蛋液，入烤箱烘烤（圖6）。

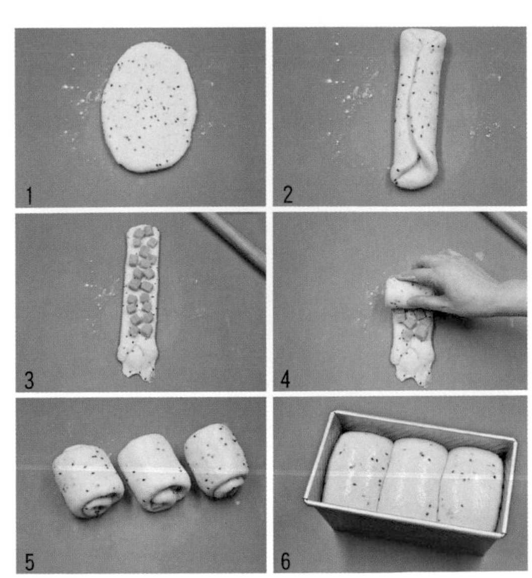

Brioche Toast

法式布里歐

法式甜麵包的代表，通常含有少量砂糖、大量雞蛋和很多無鹽奶油（通常在 20%～75%），有著蛋糕般鬆軟的口感。擁有高營養價值的布里歐，適合當成早餐或點心麵包。考慮到本書介紹的布里歐，其無鹽奶油含量為 35%，暫且稱為「樸實版布里歐」吧。

製作方式：直接法
參考數量：1 條
使用模具：450 克吐司模

材料（Ingredients）

高筋麵粉……300 克
細砂糖……50 克
酵母……4.5 克
鹽……4.5 克
全蛋液……90 克
牛奶……87 克
水……25 克
無鹽奶油……105 克

烘焙（Baking）

180℃，上下火，中下層，25～30 分鐘。

製作步驟（Steps）

① 後油法將麵團揉至光滑，烤盤底部塗上一層薄薄的油。將揉好的麵團均勻推開，平鋪在烤盤裡，蓋保鮮膜，冷藏過夜（圖 1～2）。

② 取出冷藏的麵團，平均分割成 8 個（圖 3）。

③ 輕輕壓扁麵團，滾圓（可使用少許手粉防黏），捏緊收口（圖 4～6）。

④ 再次滾圓，擺入模具，進行最後發酵（圖 7）。

⑤ 最後發酵至 9 分滿時，表面刷全蛋液，放入預熱好的烤箱烘烤（圖 8）。

⑥ 出烤箱後震一下烤模，立即脫模，在表面薄薄地刷上一層無鹽奶油，待其冷卻即可（圖 9）。

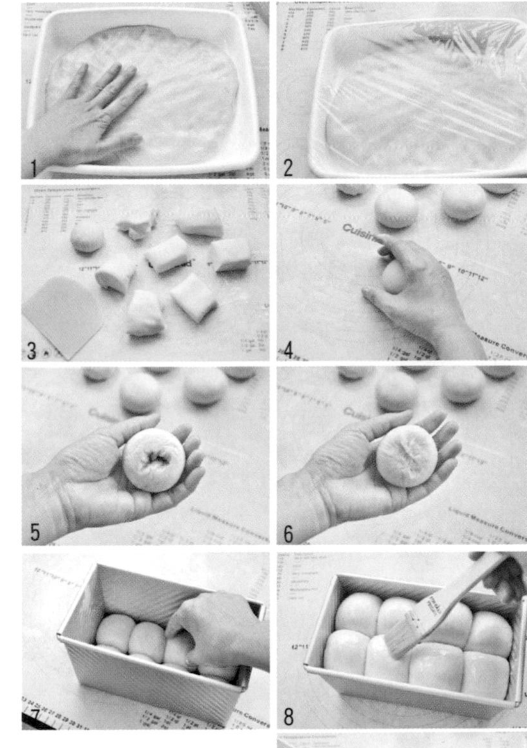

Tips

★ 布里歐麵團使用大量無鹽奶油。最好用剛剛從冷藏室取出的無鹽奶油，切小塊，分兩次與麵團混合。過度軟化的無鹽奶油不易被麵團吸收。

★ 冷藏過夜後要及時分割和滾圓，否則麵團回溫後，麵團內部的無鹽奶油軟化會變得很黏手，不好操作。

日式牛奶吐司

偏高的糖和油脂含量是日式麵包的特點，雖說含糖量高，但是中種發酵產生了足夠的香氣和溫柔的口感，所以一點也不甜膩。

製作方式：中種法
參考數量：1 條
使用模具：450 克吐司模

材料（Ingredients）

中種材料

- 高筋麵粉……210 克
- 細砂糖……15 克
- 酵母……4 克
- 水……120 克

主麵團材料

- 高筋麵粉……90 克
- 細砂糖……45 克
- 鹽……3.5 克
- 奶粉……9 克
- 全蛋液……36 克
- 淡奶油……18 克
- 水……25 克
- 無鹽奶油……45 克

烘焙（Baking）

上下火，185℃，中下層，35～40 分。
吐司做法參考 P.27～30 頁。

準備麵團（Preparation）

中種材料混合均勻，室溫發酵至原體積 3～4 倍大（或室溫發酵 1 小時後，冷藏延時發酵 24 小時）⇨ 將發酵好的中種材料撕碎，混合主麵團材料，後油法揉至完全階段 ⇨ 基礎發酵 ⇨ 排氣 ⇨ 分割成 3 份 ⇨ 滾圓鬆弛 15 分鐘 ⇨ 依基礎吐司整形方法進行整形。

製作步驟（Steps）

依基礎吐司整形方法進行整形。

鄉村、軟歐麵包

Country Style Bread

樸實的鄉村麵包透出穀物的香氣！

Banana and Chocolate
Country Style Bread

香蕉巧克力鄉村麵包

製作方式：直接法
參考數量：1 個
使用模具：烤盤

雖然無糖無油又添加黑麥，口感會略顯粗糙且不夠柔軟，但是長時間發酵可以激發足夠麥香，細細品嚐也別有一番滋味。這款鄉村麵包加入了熟透的香蕉泥和少許蜂蜜，也添加大量配料，讓口感大幅提升。

材料（Ingredients）

A
香蕉泥……100 克
檸檬汁……6 克

B
高筋麵粉……250 克
低糖酵母……3 克
鹽……3 克
蜂蜜……10 克
牛奶……96 克

C
核桃……50 克
巧克力塊……50 克

表面裝飾（Decoration）

黑麥麵粉

製作步驟（Steps）

① A 料：熟透的香蕉去皮，用叉子壓成泥，拌入檸檬汁。

② C 料：核桃烤出香味，切碎，巧克力切碎。

③ 鬆弛好的麵團擀成長方形的大片（圖 1）。

④ 均勻地擺上 C 料（圖 2）。

⑤ 自上而下捲起（圖 3）。

⑥ 收口處捏緊並朝下放置（圖 4）。

⑦ 蓋保鮮膜，最後發酵至原體積 2 倍左右，表面篩黑麥麵粉，用刀割劃出喜歡的紋路，入烤箱烘烤（圖 5）。

烘焙（Baking）

230℃，上下火，中層，25 ～ 30 分鐘。

準備麵團（Preparation）

將香蕉泥和 B 料所有材料混合，攪拌至不黏盆的光滑狀態 ⇒ 基礎發酵至原體積 2 倍大 ⇒ 簡單排氣 ⇒ 折疊翻面（參考 P.23 頁）⇒ 延時發酵至 2 ～ 2.5 倍大 ⇒ 排氣 ⇒ 滾圓鬆弛 20 分鐘。

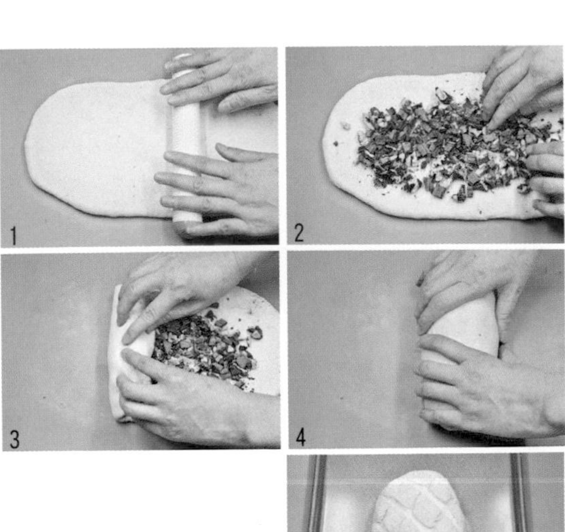

Rse
Raisins Bread

黑麥葡萄乾鄉村麵包

添加了黑麥的麵包都會有一點淡淡的酸味，加上一點甜甜的葡萄乾，口味就變得清爽起來。

製作方式：直接法
參考數量：1 個
使用模具：圓形藤籃

材料（Ingredients）

A
- 原味優酪乳……120 克
- 葡萄乾……50 克

B
- 高筋麵粉……220 克
- 黑麥麵粉……30 克
- 低糖酵母……3 克
- 鹽……4 克
- 檸檬汁……5 克
- 水……75 克

表面裝飾（Decoration）

黑麥麵粉

製作步驟（Steps）

① A 料混合後密封冷藏過夜，使葡萄乾充分吸收優酪乳，變得柔軟濕潤，此時將葡萄乾瀝出，留下優酪乳，備用。

② 完成兩次發酵的麵團取出後排氣，再次整理成圓形（圖 1）。

③ 圓形藤籃內篩入高筋麵粉。將整理好的麵團收口朝上置於籃中，蓋濕布，進行最後發酵（圖 2）。

④ 麵團膨脹至 2 倍大左右（圖 3）。

⑤ 倒扣在烤盤上，篩上黑麥麵粉（圖 4）。

⑥ 用利刀割出十字切口，入烤箱烘烤（圖 5）。

準備麵團（Preparation）

將浸泡葡萄乾的優酪乳和主麵團所有材料混合 ⇒ 攪拌至不黏盆的狀態 ⇒ 加入浸泡過的葡萄乾，低速攪拌均勻 ⇒ 基礎發酵至原體積 2 倍大 ⇒ 取出後簡單排氣 ⇒ 折疊（翻面參考 P.23 頁）⇒ 延時發酵至 2 ～ 2.5 倍大。

烘焙（Baking）

230℃，上下火，中層，25 ～ 30 分鐘。

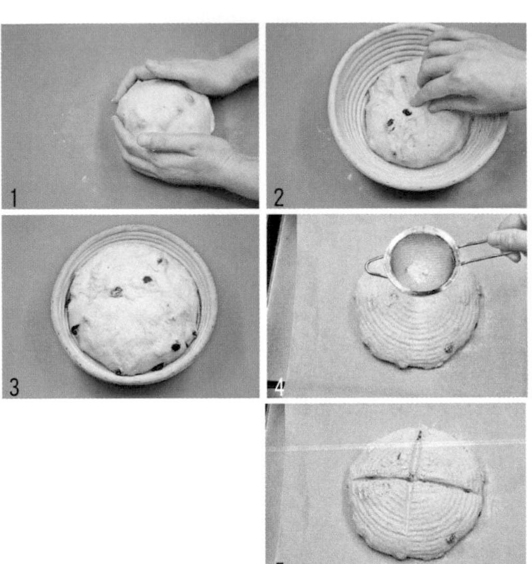

French Chocolate
Bread

法式巧克力鄉村麵包

製作方式：直接法
參考數量：2 個
使用模具：烤盤

濃郁的巧克力風味麵包，幾乎有著巧克力蛋糕般的口感，粗獷簡單的造型很容易上手。

材料（Ingredients）

高筋麵粉……235 克
可可粉……15 克
酵母……4 克
鹽……3 克
細砂糖……25 克
水……38 克
牛奶……122 克
全蛋液……15 克
無鹽奶油……18 克
巧克力豆（耐高溫）……80 克

準備麵團（Preparation）

後油法將麵團揉至擴展階段 ⇒ 以折疊方式將巧克力豆混合均勻（參考 P.22 頁）⇒ 基礎發酵 ⇒ 排氣 ⇒ 分割成 2 份 ⇒ 滾圓鬆弛 15 分鐘（圖 1）。

製作步驟（Steps）

① 取一份麵團，擀成橢圓形（圖 2）。

② 翻面後橫向放置，上下各向中線折疊一次，再對折後壓緊收口，鬆弛 10 分鐘（圖 3 ～ 5）。

③ 翻將麵團搓成兩頭尖的長條，長度為 50cm 左右（圖 6）。

④ 左右手分別向前後反方向搓，提起麵團兩端、對折，麵團會自然擰成螺旋狀（類似傳統的麻花捲）（圖 7 ～ 9）。

⑤ 完成整形的麵團靜置發酵至原體積 2 倍大，噴水後篩上高筋麵粉，入烤箱烘烤（圖 10）。

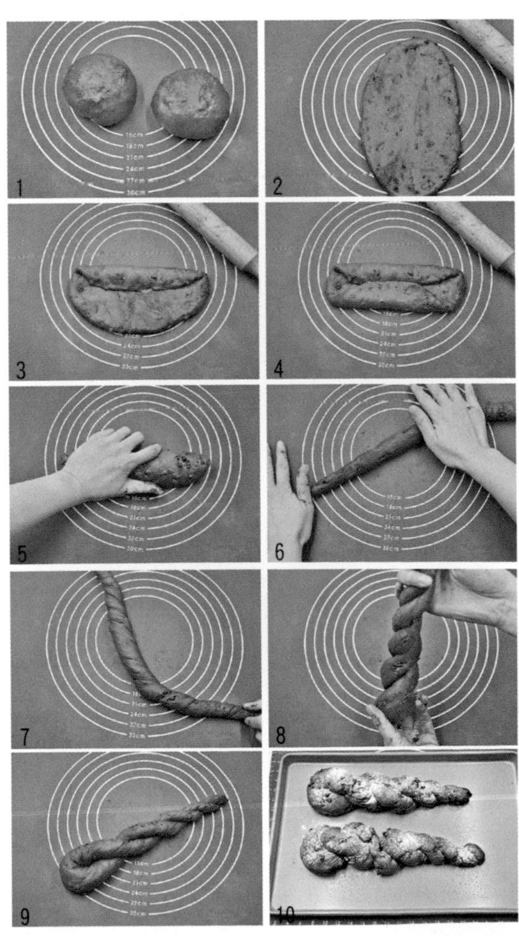

Mini Rye Bun

迷你黑麥小餐包

製作方式：中種法
參考數量：8 個
使用模具：烤盤

材料（Ingredients）

中種材料

高筋麵粉……100 克
黑麥麵粉……25 克
酵母……4 克
水……75 克

主麵團材料

高筋麵粉……100 克
黑麥麵粉……25 克
細砂糖……10 克
鹽……3 克
水……118 克
無鹽奶油……5 克

烘焙（Baking）

200℃，上下火，中層，20 分鐘。

準備麵團（Preparation）

中種材料混合均勻，室溫發酵至原體積 3～4 倍大（或室溫發酵 1 小時，冷藏延時發酵 24 小時）⇒ 將發酵好的中種材料撕碎，混合主麵團材料，後油法揉至光滑 ⇒ 基礎發酵 ⇒ 排氣 ⇒ 分割 8 等份 ⇒ 滾圓鬆弛 15 分鐘。

製作步驟（Steps）

① 鬆弛好的麵團重新壓扁、排氣，滾圓後置於烤盤，篩上少許高筋麵粉。

② 用利刀在表面割出紋路。二次發酵至原體積 2 倍大左右，入烤箱烘烤。

Brown Sugar Wholewheat Bread

豐收大地黑糖軟歐

製作方式：直接法
參考數量：2 個
使用模具：烤盤

材料（Ingredients）

高筋麵粉……230 克
全麥麵粉……20 克
鹽……2 克
酵母……3 克
黑糖……35 克
水……110 克
全蛋液……50 克
無鹽奶油……25 克
蔓越莓……60 克
核桃仁……60 克

準備麵團（Preparation）

紅糖和水（加溫）混合，融化後放涼 ⇒ 後油法將麵團揉至擴展階段 ⇒ 將蔓越莓（用 40℃溫水清洗並拭乾）與核桃（烤熟後切小塊），以折疊的方式混合均勻⇒ 基礎發酵 ⇒ 排氣 ⇒ 分割 2 等份 ⇒ 滾圓鬆弛 15 分鐘。

烘焙（Baking）

200℃，上下火，中層，20 分鐘。

製作步驟（Steps）

① 取一份麵團擀成橢圓形（圖 1）。

② 翻面，將左右兩側的角折向中間，以指尖按壓收緊（圖 2）。

③ 將上一步驟折疊形成的尖角折向中間位置（圖 3）。

④ 捲起後捏緊收口（圖 4）。

⑤ 整理成橄欖形，擺在烤盤上進行最後發酵（圖 5）。

⑥ 最後發酵完成，表面噴水、篩上高筋麵粉，用刀斜割幾條切口，入烤箱中層烘烤（圖 6）。

鳳梨雜糧軟歐

雜糧麵團、醇香乳酪、酸甜鳳梨粒、豐富的穀物。因為使用了老麵和紅糖，使麵包更加柔軟清新。

製作方式：液種法
參考數量：2 個
使用模具：烤盤

Mixed Cheese and Cereals Bread

材料（Ingredients）

中種材料

高筋麵粉……100 克
水……100 克
酵母……1 克

主麵團材料

高筋麵粉……210 克
全麥麵粉……20 克
黑麥麵粉……20 克
可可粉……10 克
紅糖……20 克
鹽……3 克
酵母……3 克
黑糖……35 克
水……140 克
無鹽奶油……10 克

配料

奶油乳酪……200 克
糖粉……20 克
鳳梨……150 克

表面裝飾（Decoration）

綜合穀物（葵花子、南瓜籽、芝麻、燕麥片、亞麻籽）

烘焙（Baking）

220℃，上下火，中層，18～20 分鐘。

準備麵團（Preparation）

液種材料混合均勻，室溫發酵至原體積 4 倍大，中間略有塌陷（或室溫發酵 1 小時後，冷藏延時發酵 24 小時）⇒ 將發酵好的液種材料混合主麵團材料，後油法揉至光滑 ⇒ 基礎發酵 ⇒ 排氣 ⇒ 分割 2 等份 ⇒ 滾圓鬆弛 15 分鐘。

製作步驟（Steps）

① 在麵團發酵時準備配料。鳳梨（新鮮或罐頭均可）切小粒，入不沾鍋翻炒至收汁。奶油乳酪軟化，加入糖粉攪拌均勻，備用（圖 1）。

② 取一份鬆弛好的麵團，擀成橢圓形（圖 2）。

③ 均勻地塗抹一半奶油乳酪（圖 3）。

④ 撒上一半鳳梨丁（圖 4）。

⑤ 自上而下捲起（圖 5）。

⑥ 收口捏緊（圖 6）。

⑦ 表面噴水（圖 7）。

⑧ 將噴水的一面裹滿綜合穀物（圖 8）。

⑨ 最後發酵至原體積 2 倍大，入烤箱後表面噴水，迅速關閉烤箱門烘烤（圖 9）。

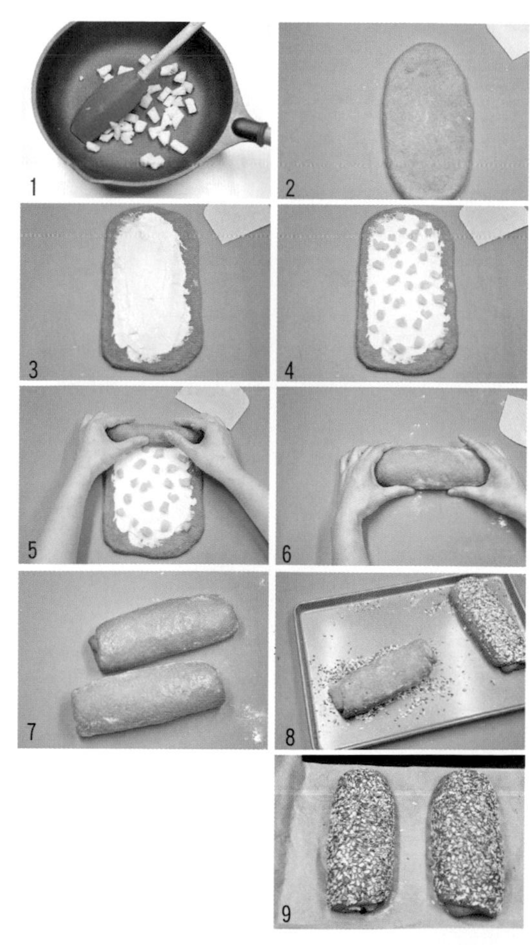

Pork Floss &
Red Bean Bread

肉鬆紅豆軟歐

鹹味肉鬆遇上甜蜜紅豆，竟能產生如此和諧的多層次風味。

製作方式：液種法
參考數量：2 個
使用模具：烤盤

配料
肉鬆、蜜紅豆、芝麻

材料（Ingredients）

中種材料
高筋麵粉……100 克
水……100 克
酵母……1 克

主麵團材料
高筋麵粉……210 克
全麥麵粉……20 克
黑麥麵粉……20 克
可可粉……10 克
紅糖……20 克
鹽……3 克
酵母……3 克
黑糖……35 克
水……140 克
無鹽奶油……10 克

烘焙（Baking）
220℃，上下火，中層，18～20 分鐘。
參考 P.221 頁「鳳梨雜糧軟歐」。

製作步驟（Steps）

① 完成發酵的麵團排氣，分割出兩個 30 克小麵團。剩餘麵團平均分為 2 份，滾圓、鬆弛（圖 1）。

② 將大麵團擀開，呈橢圓形，翻面後鋪滿肉鬆和紅豆（圖 2）。

③ 自上而下捲成橄欖形（圖 3）。

④ 捏緊收口（圖 4）。

⑤ 小麵團搓長（圖 5）。

⑥ 在一側噴水並沾滿芝麻（圖 6）。

⑦ 用剪刀斜著剪幾刀（圖 7）。

⑧ 在整形好的麵團表面噴水，將小麵團縱向放置在中間位置（圖 8）。

⑨ 將切開的麵團左右拉開，形成葉子形狀。將其發酵至原體積 2 倍大，入烤箱烘烤。入烤箱前記得噴水（圖 9）。

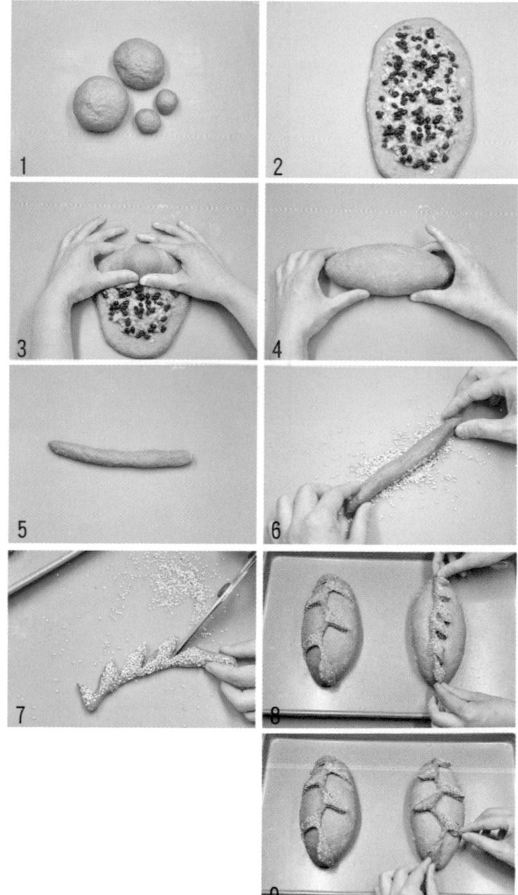

Mocha Cheese
Bread

摩卡可可軟歐

取新鮮咖啡豆萃取的咖啡原液來製作這款麵包，加上麵團裡的可可粉及巧克力豆，以及裹入的香濃乳酪，是口味非常奢華的一款麵包，就像在品一杯濃郁的摩卡。

製作方式：直接法
參考數量：2 個
使用模具：烤盤

材料（Ingredients）

高筋麵粉……150 克
黑麥麵粉……100 克
可可粉……10 克
細砂糖……25 克
酵母……3 克
鹽……2.5 克
咖啡……139 克
淡奶油……45 克
無鹽奶油……25 克
巧克力豆……45 克

配料

奶油奶酪……120 克
糖粉……20 克

製作步驟（Steps）

① 奶油乳酪軟化，加入糖粉攪拌均勻。

② 取一份鬆弛好的麵團，擀成橢圓形，翻面後橫向放置（圖 1）。

③ 用裱花袋將奶油乳酪擠在麵團前端（圖 2）。

④ 壓薄底邊，自上而下捲起（圖 3）。

⑤ 捏緊收口（圖 4）。

⑥ 將一端開口拉開，略壓扁，包裹住另一端，捏緊（圖 5～7）。

⑦ 整形好的麵團排列在烤盤上進行最後發酵，發酵完成後噴水，篩上黑麥麵粉，用利刀在表面割 4 條直線，入烤箱烘烤（圖 8）。

烘焙（Baking）

220℃，上下火，中層，18～20 分鐘。

準備麵團（Preparation）

現磨咖啡豆萃取咖啡原液並放涼 ⇒ 後油法將麵團揉至擴展階段 ⇒ 加入巧克力豆低速揉勻 ⇒ 基礎發酵 ⇒ 排氣 ⇒ 分割成 2 等份 ⇒ 滾圓鬆弛 20 分鐘。

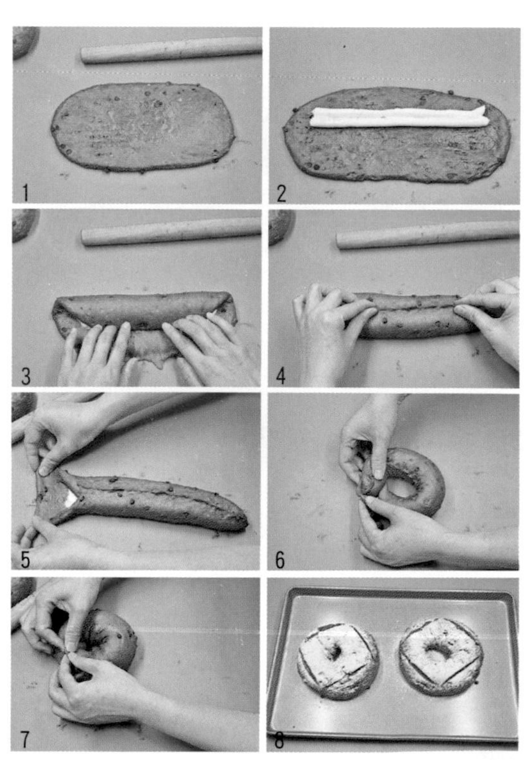

Drink Different
Mochi Bread

巧克力果乾麻糬

製作方式：直接法
參考數量：2 個
使用模具：烤盤

綜合了巧克力全麥麵團、什錦綜合果乾、麻糬、紅豆沙、堅果麥片表皮等等，只要是你喜歡的，都加進來吧！

材料（Ingredients）

高筋麵粉……230 克
全麥麵粉……20 克
可可粉……15 克
細砂糖……35 克
鹽……3 克
酵母……4 克
全蛋液……50 克
水……138 克
無鹽奶油……25 克

配料

紅豆沙……40 克
堅果麥片……適量
綜合果仁（蔓越莓、葡萄乾、糖漬橙皮等）……100 克

前製項目－麻糬

材料（Ingredients）

糯米粉……80 克
玉米澱粉……23 克
細砂糖……35 克
牛奶……138 克
無鹽奶油……12 克

製作步驟（Steps）

① 將糯米粉、玉米澱粉混合均勻（圖 1）。

② 取一半牛奶加熱，混合細砂糖攪拌至融化，加入另一半牛奶混合均勻，倒入粉中（圖 2）。

③ 攪拌均勻至無乾粉顆粒（圖 3）。

④ 蓋保鮮膜，蒸 20 分鐘（圖 4）。

⑤ 蒸熟透的麻糬取出後表面抹油（防止乾裂），冷卻至微溫，加無鹽奶油（圖 5）。

⑥ 揉至無鹽奶油全部吸收（圖 6）。

⑦ 將製作好的麻糬包上保鮮膜，冷藏備用（圖 7）。

烘焙（Baking）

上下火，190℃，中層，20 分鐘。

準備麵團（Preparation）

後油法將麵團揉至擴展階段 ⇒ 基礎發酵 ⇒ 排氣 ⇒ 分割 2 等份 ⇒ 滾圓鬆弛 15 分鐘。

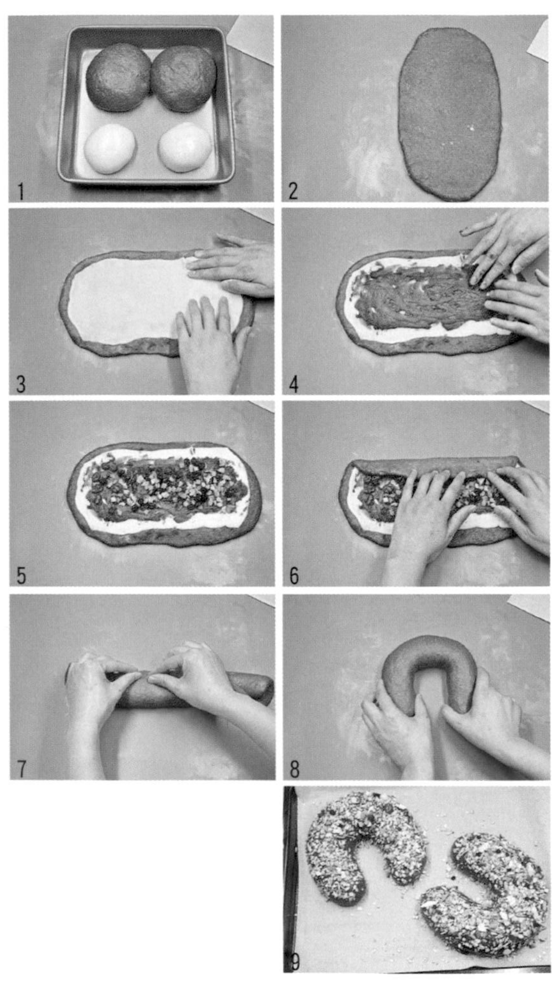

製作步驟（Steps）

① 將完成基礎發酵的麵團排氣，分割成 2 等份。麻糬也分割 2 等份，備用（圖 1）。

② 取一份麵團擀成長方形（圖 2）。

③ 翻面，將麻糬麵團擀成略小的片狀，疊放在麵團上（圖 3）。

④ 取 20 克豆沙塗抹在麻糬表面（圖 4）。

⑤ 將綜合果乾均勻地平鋪在豆沙上（圖 5）。

⑥ 從長的一邊捲起（圖 6）。

⑦ 收口處捏緊（圖 7）。

⑧ 彎成馬蹄形，擺在烤盤上，最後發酵至原體積 2 倍大（圖 8）。

⑨ 完成發酵後，在表面噴水，撒滿堅果麥片，入烤箱烘烤（圖 9）。

第三章 讓麵包更美味

—

當你真正掌握了麵包的製作方法，
你會發現三餐有了無限可能性。
不管是新鮮麵包還是隔夜吐司，
都可以透過各種食材和醬料的搭配，
呈現出多樣的美味。

French Toast
Drip
NO1

法式吐司

基礎甜蛋奶液	基礎鹹蛋奶液
雞蛋……1 顆 細砂糖……1 大匙 牛奶……100 克	雞蛋……1 顆 鹽、現磨黑胡椒……各少許 牛奶……100 克 起司粉……2 大匙
全部材料混合均勻，攪拌至糖、鹽完全化開。	

製作步驟（Steps）

① 浸泡：將切片的吐司放在盤中，倒入蛋液浸泡，用鏟子小心地翻面（圖1～2）。

② 煎：取一小塊無鹽奶油置於平底鍋裡，中火加熱，在無鹽奶油化開但尚未變色前，放入浸泡過的吐司，待一面上色後小心翻面，此時可加鍋蓋燜一下，直至兩面金黃（圖3～4）。

變換浸泡時間和煎烤方法，可以得到不同的口感：

	浸泡時間（單面）	煎烤方法（中火）
雜糖吐司、果乾吐司	1 分鐘	兩面各煎 1 ～ 2 分鐘，不加蓋，煎出酥脆口感。
基本款吐司（中等厚度）	5 分鐘	單面煎 1 ～ 2 分鐘，上色後翻面，蓋上鍋蓋，再煎 1 ～ 2 分鐘。
厚切吐司或貝果（約 4cm 厚）	冷藏過夜	單面煎 3 ～ 4 分鐘，上色後翻面，蓋上鍋蓋（留小縫），再煎 3 ～ 4 分鐘。

可搭配的食材：

水果、蔬菜、火腿、培根（煎）、奶油、冰淇淋、肉桂粉、糖霜、楓糖漿、巧克力醬、蜂蜜、煉乳、優酪乳、果醬。

炸醬吐司

基礎鹹蛋奶液，
搭配炒肉醬及香蔥。

Fried Sauce Toast

法式吐司布丁

吐司切塊＋水果／果乾＋一份基礎甜蛋奶液。

烘焙（Baking）

上下火，中層，180℃，40 分鐘左右。

Tips

★可改用蔬菜和肉類，利用鹹蛋奶液製作鹹味布丁。

★透過蛋奶液的用量多寡和浸泡時間，來調整口感。

French Toast Pudding

材料（Ingredients）

方形吐司……2 片
無鹽奶油……適量
火腿……2~3 片
乳酪片……1 片
生菜……適量
沙拉醬……適量

組合前準備（Preparation）

吐司片烤至金黃。

火腿鮮蔬三明治

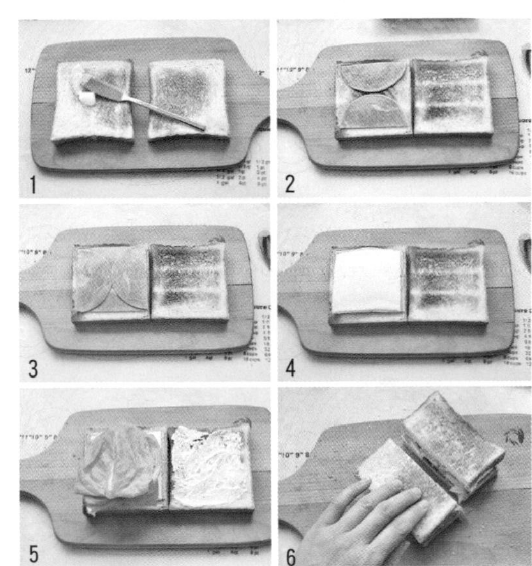

組合順序

烤麵包片 1 ⇨ 單面塗無鹽奶油 ⇨ 火腿 ⇨ 乳酪片 ⇨ 生菜 ⇨ 沙拉醬 ⇨ 單面塗奶油 ⇨ 烤麵包片 2 ⇨ 對切。

Tips

★ **為確保不管斜切、對切還是對角切，三明治內部食材都能均勻分佈，可將圓形火腿片對半切開，如圖擺放。**

Bacon Sandwich

培根香脆三明治

材料（Ingredients）
方形吐司……2 片
無鹽奶油……適量
培根……2~3 片
乳酪片……1 片
生菜……適量
沙拉醬……適量

組合前準備（Preparation）
吐司入烤箱烤至金黃。
培根用廚房紙巾拭乾表面水分，置於鍋中，開中火慢煎至油脂溢出，待表面呈金黃色時取出。用紙巾拭去多餘油脂，對切後使用。

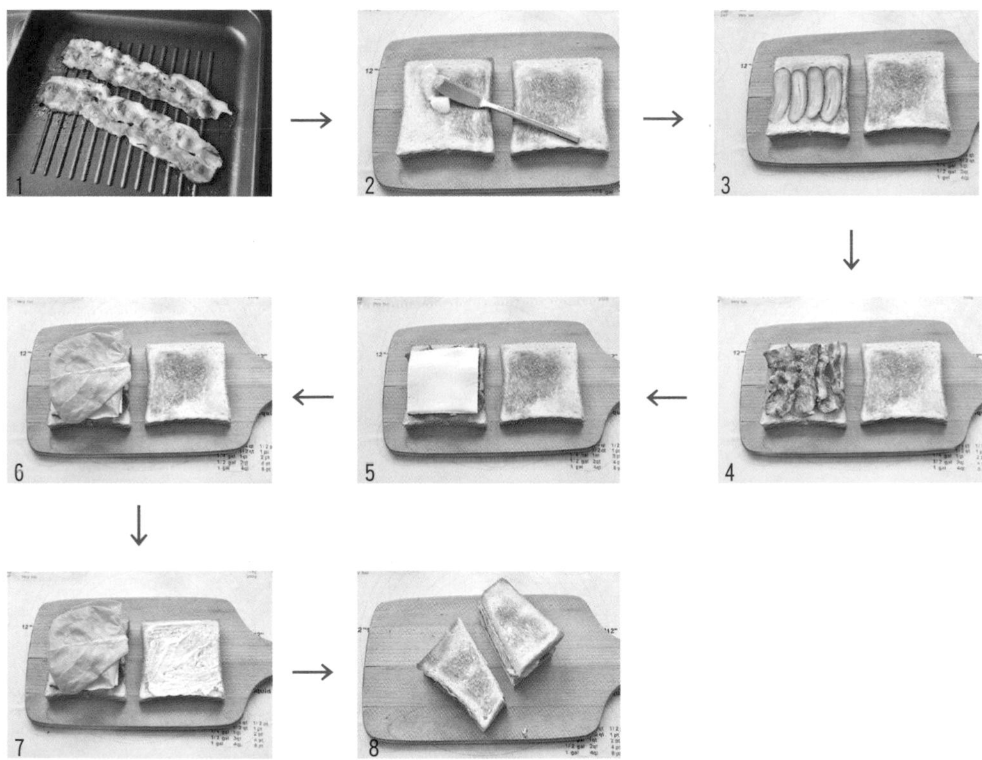

組合順序烤麵包片 1 ⇒ 單面塗無鹽奶油 ⇒ 酸黃瓜 ⇒ 香脆培根 ⇒ 乳酪片 ⇒ 生菜 ⇒ 沙拉醬 ⇒ 單面塗奶油 ⇒ 烤麵包片 2 ⇒ 斜切。

材料（Ingredients）

吐司片、蝦仁、花椰菜、甜玉米、洋蔥、酪梨、番茄丁、蛋黃醬、鹽、黑胡椒、莫札瑞拉起司

製作步驟（Steps）

① 吐司切邊（最好使用薄片吐司。如果吐司片太厚，可以先用擀麵棍略微擀壓一下）（圖 1）。

② 將吐司片壓入馬芬模中，注意底部略微壓實，入烤箱，置於中層，以上下火 180℃烤 5 分鐘（圖 2）。

③ 處理食材：酪梨去皮、核，切丁。番茄去籽、汁，切丁。洋蔥切末（可以浸泡冰水去除辣味，也可略翻炒）。花椰菜汆燙 1 分鐘，蝦仁汆燙至熟（圖 3）。

焗烤蝦仁吐司杯

使用模具：12 格馬芬烤盤

④ 所有材料混合後加入少許蛋黃醬（可忽略）拌匀，加鹽、黑胡椒調味（圖4）。

⑤ 取出烤好定形的吐司杯，填入混合好的食材（圖 5）。

⑥ 撒上莫札瑞拉起司，入烤箱中層，以上下火190℃烤10分鐘左右，至乳酪融化即完成（圖6）。

Tips

★ **製作吐司杯的食材很多元，家中如有現成的蘑菇、馬鈴薯、青豆、彩椒、鮪魚、培根、火腿、雞蛋等，都可以使用。需要注意的是，配料一定要提前以煎、煮等方式進行預先處理。**

材料（Ingredients）

隔夜吐司⋯⋯適量
無鹽奶油（軟化）⋯⋯適量
細砂糖⋯⋯適量

製作步驟（Steps）

① 將隔夜吐司切去四邊，切成形狀相等的片或條狀（圖 1）。

② 放入烤箱，以 150℃烘烤 10 分鐘（圖 2）。

③ 取出， 在表面薄薄地塗滿軟化的無鹽奶油， 6 個面都要塗上（圖 3）。

④ 均勻地撒上細砂糖，重新放入烤箱烘烤至表面金黃。如果使用烤盤，中途要記得翻面（大約需要烤 30 分鐘）（圖 4）。

甜手指吐司

手作麵包不宜長時間存放，放置了兩三天的吐司，口感就會打折扣，變得不再柔軟。將這樣的麵包切片，製作成甜手指吐司或蒜香方磚，酥酥脆脆，瞬間變成搶手貨。

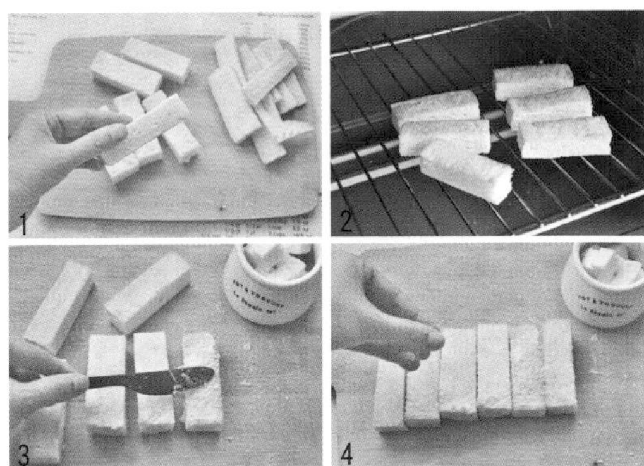

蒜香方磚

Tips

★ 也可以使用含鹽奶油，使味道更有層次。

★ 如果覺得塗抹無鹽奶油比較麻煩，可待無鹽奶油融化後，在料理盆裡和吐司塊抓勻，再撒砂糖拌勻。

★ 第一次烘烤是為了使吐司條表面變得脆硬，方便塗抹無鹽奶油。

★ 蒜香方磚的做法：將無鹽奶油軟化，加入少許鹽、黑胡椒、蒜蓉混合均勻，塗抹在吐司表面，入烤箱烘烤。這樣就可以吃到香蒜口味，非常可口。

繽紛開放式三明治

用烤吐司片搭配不同抹醬和新鮮蔬果，製作開放式三明治。

原味乳酪：奶油乳酪加適量糖粉攪拌順滑，也可加入優酪乳調整口味。

樹莓乳酪：原味乳酪加入樹莓果泥攪拌均勻。

香草乳酪抹醬

奶油乳酪 100 克 +15 克綜合香草（蒔蘿、細香芹、巴西里等）+ 少許海鹽 + 黑胡椒（可略）。

清爽的香草氣息和淡淡的海鹽、黑胡椒味，非常適合搭配醃燻鮭魚、生火腿等加工肉類。

藍莓乳酪抹醬

奶油乳酪 100 克 + 藍莓果醬 30 克

奶油乳酪的酸味與果醬的甜蜜形成美妙對比，可根據個人喜好選用不同種類的果醬加以變化。果醬的甜度剛剛好，無須額外加糖。也可以使用新鮮果泥，但需要加適量的糖粉。

Blueberry Cheese Sauce

酪梨抹醬

哪怕是不喜歡酪梨的你，也會愛上這款抹醬。
用它代替奶油來製作三明治，搭配度非常高。

A
- 酪梨（去核）……1 顆
- 沙拉醬……2 大匙
- 優酪乳……1 小匙
- 細砂糖……1 小匙
- 檸檬汁……1 小匙

B
- 鹽及胡椒……適量

製作步驟（Steps）

將材料A放入料理機攪拌均勻，再加入B 料調味。

Avocado Sauce

Orange Taste 14

暖心烘焙手作日記

——新手一學就會的100道超簡單零失敗人氣麵包

作者：靜心蓮

作　　者　靜心蓮
總 編 輯　于筱芬
CAROL YU, Editor-in-Chief
副總編輯　謝穎昇
EASON HSIEH, Deputy Editor-in-Chief
行銷主任　陳佳惠
IRIS CHEN, Marketing Manager

美術設計　亞樂設計有限公司
製版／印刷／裝訂　皇甫彩藝印刷股份有限公司

出版發行

橙實文化有限公司 CHENG SHIH Publishing Co., Ltd
AADD／桃園市大園區領航北路四段382-5號2樓
2F., No.382-5, Sec. 4, Linghang N. Rd., Dayuan Dist., Taoyuan City 337, Taiwan (R.O.C.)
MAIL: orangestylish@gmail.com
粉絲團 https://www.facebook.com/OrangeStylish/

經銷商

聯合發行股份有限公司
ADD／新北市新店區寶橋路235巷弄6弄6號2樓
TEL／（886）2-2917-8022　FAX／（886）2-2915-8614

初版日期 2019年6月

請貼郵票

橙實文化有限公司

CHENG -SHI Publishing Co., Ltd

33743 桃園市大園區領航北路四段 382-5 號 2 樓

讀者服務專線：(03) 381-1618

暖心烘焙手作日記

新手一學就會的

100道超簡單零失敗

人／氣／麵／包

烘焙新手必備的第一本書！

學好基礎就能快速上手！

原料 食材 工具 及揉麵法

詳盡圖解跟著做，讓你從新手變職人

靜心蓮 著

Orange Taste 系列

書系：Orange Taste 14
書名：暖心烘焙手作日記——新手一學就會的 100 道超簡單零失敗人氣麵包

讀者資料（讀者資料僅供出版社建檔及寄送書訊使用）

- 姓名：____________
- 性別：□男　□女
- 出生：民國______年______月______日
- 學歷：□大學以上　□大學　□專科　□高中（職）　□國中　□國小
- 電話：____________
- 地址：____________
- E-mail：____________
- 您購買本書的方式：□博客來　□金石堂（含金石堂網路書店）□誠品
  □其他____________（請填寫書店名稱）
- 您對本書有哪些建議？____________
- 您希望看到哪些部落客或名人出書？____________
- 您希望看到哪些題材的書籍？____________
- 為保障個資法，您的電子信箱是否願意收到橙實文化出版資訊及抽獎資訊？
  □願意　□不願意

買書抽好禮

1. **活動日期**：即日起至2019年7月31日
2. **中獎公布**：2019年8月5日於橙實文化 FB 粉絲團公告中獎名單，請中獎人主動私訊收件資料，若資料有誤則視同放棄。
3. **抽獎資格**：購買本書並填妥讀者回函，郵寄到公司；或拍照 MAIL 到信箱。並於 FB 粉絲團按讚及參加粉絲團新書相關活動。
4. **注意事項**：中獎者必須自付運費，詳細抽獎注意事項公布於橙實文化 FB 粉絲團，橙實文化保留更動此次活動內容的權限。

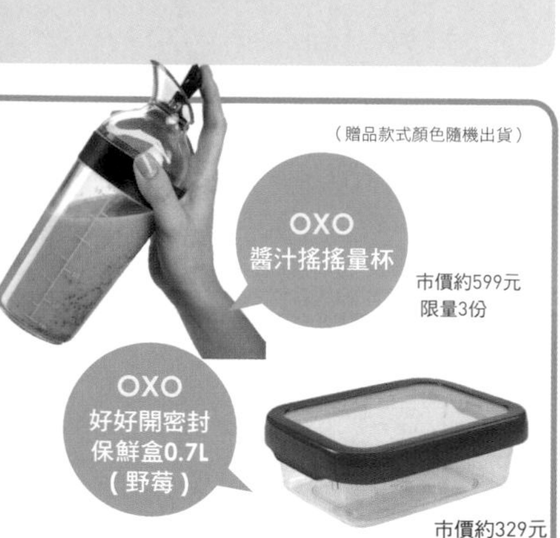

Whistler
軟木陶瓷
茶杯組（2個）
市價約499元，限量1份

橙實文化 FB 粉絲團
https://www.facebook.com/OrangeStylish/

（以上贈品數量有限，款式隨機出貨）

Salty Bread

Sweet Bread

Bagel

Pizza

Toast

Salty
Bread

Sweet
Bread

Bagel

Pizza

Toast

Salty Bread

Sweet Bread

Bagel

Pizza

Toast

Salty Bread

Sweet Bread

Bagel

Pizza

Toast